粗糙

轻松解决拖延症

陈海滢 著

万卷出版有限责任公司
VOLUMES PUBLISHING COMPANY

果麦文化出品

推荐序：
在行动中遇见"福流"

初见海滢校友的书稿，"粗糙"二字便令我深思。这种不追求极致完美，以"够用就好"为标准的心态，恰与积极心理学中"满足者"的特质相契合——他们不因过度苛求而停滞，反而能在达成基本目标的过程中持续获得正向反馈，这正是接近幸福的重要路径。

细读之下，更能体会到书中理念与积极心理学的深层共鸣。作者所倡导的"粗糙"，并非敷衍、草率，而是一种主动降低行动门槛、在实践中迭代精进的智慧。这与我多年提倡的拒绝完美主义、拥抱满足心态的积极心理学相一致。完美主义者不接受挫折，害怕失败，抵御批判，过分关注结果；而满足者的心态是接受失败，从中学习，接受批评，宽容厚道，相信螺旋式前进的结果。这就是我多年来关注的"福流"（flow）状态的缘起——当人们摆脱对"完美开端"的执念，专注于当下的行动时，反而更容易进入那种全情投入、物我两忘的沉浸状态，而这种状态正是幸福感的重要来源。

我常观察到当今社会很多人的困境：机会众多却顾虑重重，思虑万千却步履维艰。他们并非缺乏能力，而是被对"绝对正确"的追求困住了手脚，误把幸福当作一种静止的完美状态，于是始终不敢迈出第一步，在"想"与"做"的割裂中错失了体验"福流"的可能。本书作者提出的"粗糙启动＋持续迭代"方法，恰恰为这种困境提供了破局思路：先以不完美的行动打破僵局，再通过反馈不断校准方向，这正是将"想得多"转化为"做得好"的有效途径。

难能可贵的是，作者能够从系统思维的角度看待拖延，将拖延的行为模式定位为人生系统出现失衡的表现，这跳出了对拖延的单纯批判思维，转而引导读者将其视为理解自我的窗口，这与积极心理学"关注人的优势而非弱点"的核心理念不谋而合。

作者坦诚地分享了自己受拖延困扰的痛苦经历，这种直面困境的真诚，让文字能够抵达读者内心深处。书中提供的工具、方法都来源于作者帮助大量拖延者改变的实践经验，这种从行动中提炼智慧的态度，让这本书具有很强的可操作性。虽然书名说"轻松解决拖延症"，但本书的价值应不限于此。对于每一个在目标与行动间挣扎的人，每一个渴望在忙碌中找到意义感的人，书中的理念都能提供启发：幸福从不源于完美的规划，而藏在每一步粗糙却坚定的行动里。

彭凯平
清华大学心理与认知科学系教授
清华大学社会科学学院前院长
中国积极心理学运动发起人

前言

翻开这本书的你，或许正深陷一种熟悉的困境：任务清单越积越长，截止时间步步紧逼，可越是焦虑越是动弹不得。

作为曾被拖延长期困扰的"过来人"，我太理解这种内心的撕裂感了——从在清华、北大求学，到进入咨询公司工作，再到连续创业的这些年，拖延的阴影始终笼罩着我。

那些在期限前通宵赶工的狼狈，那些因为犹豫错失的宝贵机会，那些因为未兑现承诺而透支的信任……每一次经历都伴随着沉重的愧疚和自责。我一度以为，拖延是我无法摆脱的宿命。

然而，在反复的挣扎与摸索中，我逐渐意识到，这种"明知该动却动不起来"的困境，根源并非懒惰、缺乏自律或固有性格，而是负面情绪对行动产生了阻碍。当我开始直面情绪背后的深层问题并尝试调整时，状态竟然发生了显著且持续的改善。更令人振奋的是，当我把自己的方法分享给同样受拖延困扰的朋友时，也看到了他们身上的积极转变。

最初直播的房间

于是，我尝试把这些行之有效的方法转化为线上的"解决拖延症"课程。2022 年初，就从图上那个简陋至极的房间、那部架在快递纸箱上的手机开始，我的直播启动了。

在直播间举着手卡推销课程，当然不如以前站在政府名企讲台上那么光鲜亮丽，我也遭受了不少对于身份和动机的质疑、嘲笑甚至攻击。但学员们的热烈反馈如潮水般涌来，给了我莫大的鼓舞。课程迅速成为爆款，我也在此后连续三年荣膺"抖in领学官"的称号。

三年来，点击进入我直播间的观众累计超过2000万人，正式参加课程学习的学员已突破20万人。

我的学员们来自天南海北、各行各业，面临的挑战更是五花八门：有人拖延的任务是博士论文，有人拖延的任务是挖出自家种的白薯……这些看似迥异的问题，竟然都能通过同一套方法得到改善，这让我感到非常惊喜和欣慰。

我要衷心感谢每一位学员，正是你们深刻的自我剖析和真诚的反馈，让我对拖延的理解更加全面透彻，更让我进一步认识到，拖延往往并非由孤立因素引发，而是人生系统出现失衡的外在表现。很多学员呈现出的迷茫——"对自己的现状深感不满，却又不知道该如何改变"，正是系统性问题的典型特征。他们通过学习实现的改变，也远不止于行为模式的表层矫正，而是逐步建立起系统思维，对人生这一复杂系统进行深度梳理与优化。

正是在各位学员的鼓励下，我得以继续开发了"轻松成长圈"长期学习社群以及"人生战略"等更具系统性的课程，走上了助力更多人深度改变、轻松成长的道路。

解决系统性问题，关键在于找到能够撬动正向循环的"破局点"。本书提供了多种心法和工具，帮助不同情况的读者找到"破局点"并加以推动。我把破局的核心理念浓缩为书名——"粗糙",这绝非否定精益求精的价值,而是鼓励大家主动降低门槛,在不够完美的状态下开始行动。三年前我那个几乎"家徒四壁"的直播间,正是这个理念的直接注脚,正是敢于在这样的环境下"粗糙"启动,我才有机会持续探索、不断迭代,并完成了这本书。

本书不会要求你成为 "自律机器",而是带你学会与真实的自己和解——坦然接纳人性的局限,凭借"粗糙"的勇气迈出第一步,在行动中重建对生活的掌控感。

现在,就请你开始"粗糙"阅读吧,不必苛求完美环境,无须等待整块时间,甚至可以先从自己最感兴趣的章节读起,哪怕只读5分钟。

如果想尽快找到书中能够直接帮到你的内容,我建议你从第7页开始阅读,那里介绍了引发拖延的六大深层问题,还提供了线上自测,帮你精准定位自身拖延的根源。同时,自测的解读会根据你的情况给出建议的阅读顺序,为你找到量身定制的解决拖延的方法。

我也希望你为自己设定一个读完本书的小奖励,就写在本页的空白处——可以是一顿美餐、一个喜欢的小物件、一段独处的时间,或者任何让你内心感到愉悦的事情,这也是本书中"主动奖励自己"这一重要心法的实践。

最后,向各位亲人、师长和朋友致以最深切的谢意,从拖延的痛苦挣扎到如今的从容高效，我的成长离不开大家的信任与支持。感谢每一位翻开此书的读者，解决拖延带来的，将是一种自信的跃升、一份内在的松弛，这是你完全可以实现的人生蜕变。

陈海滢

2025 年 3 月于清华图书馆老馆

目录

第一章

正确认识拖延症

拖延不是懒惰，而是情绪问题

当代社会，"拖延症"已成为许多人自我诊断的常见标签。人们用自嘲的口吻把拖延现象称为"病症"，不仅因为它顽固难改，更因为它持续制造着思想与行动的冲突。

这种矛盾普遍存在于拖延者的日常工作和生活中：工作报告截止在即，却忍不住反复整理桌面；制订健身计划时豪情万丈，执行时却瘫在沙发上刷剧……拖延者并非对拖延的后果视而不见，相反，他们清醒地感知到截止时间在步步逼近，脑海中不断预演着即将到来的失败，在焦虑与自责中备受煎熬。这让旁观者感到十分困惑："既然你明知道该做这件事，为什么不直接去做呢？"

拖延就是这样，将思想和行动割裂开。我们可以将拖延行为模式的特点总结为：主动推迟明知应该完成的任务，并因此导致负面后果。这种模式还经常以其他面貌出现，隐蔽地渗透进我们的生活，以下种种现象都与之密切相关。

先做杂事再做正事：明明有重要的工作摆在面前，却总想去做一些无关紧要的杂事，比如收拾屋子、整理资料等。截止时间越是迫在眉睫，完不成的后果越是严重，这种做杂事的冲动就越强烈。

三分钟热度、半途而废：制订计划时怀着满腔热情，行动时热情却迅速退潮，稍遇挫折就直接放弃。"晚上想着千条路，早晨起来走原路"，在冲动和挫败之间不断横跳。

习惯卡点、迟到：习惯卡着时间点到场，不喜欢提前，稍有意外就会迟到，即便经常因此被埋怨"时间观念差"，仍然重复同样的模式。

细节"强迫症"：对于细节过分执着、在意，工作先从细节开始下功夫，常常导致对整体进度的忽视。

纠结、选择困难：经常反复权衡，举棋不定，即使是微不足道的选择，也会引发内心的挣扎。

手机依赖：每天花费几个小时刷短视频、刷剧、网络购物，明知浪费时间却难以自拔。每次燃起想要做事的念头，都会被刷手机的短暂满足消解掉，越来越不愿意触碰现实。

这些现象往往相互交织，引发多重负面影响：任务积压带来现实压力，自我否定造成心理阴影，外界误解损伤人际关系。更需要警惕的是，长期拖延可能诱发暴饮暴食、沉迷成瘾等行为，甚至成为抑郁、焦虑等心理问题的催化剂。

相信每一位拖延者都渴望改变这种状态，也有很多人付出过努力却徒劳无功，其根源在于未能认清拖延的本质和原因，自然无法找到有效的解决办法。

首先，我们必须明确：拖延不是懒惰，而是情绪问题。

人们经常将拖延与懒惰混为一谈，这是最大的认知误区。懒惰的本质是缺乏行动意愿，真正懒惰的人对于不行动的状态会感到心安理得，不会因此产生焦虑和心理冲突。而拖延者的痛苦正源于内心的矛盾——他们并非不愿行动，而是被复杂的情绪困住，"明知该做却无法启动"。

比如，拖延者可能一边花几个小时刷手机，一边又因为未能完成任务而自责，这种挣扎正是情绪调节失败的表现。拖延者的行动意愿被任务触发的负面情绪（如对失败的恐惧、对困难的抵触）压倒，只能通过拖延寻求即刻的情绪缓解。

对拖延的认知也直接决定了解决拖延的策略。如果将拖延简单归结为懒惰，那么解决方法似乎只剩"强迫自己更勤奋、更自律"。但现实是，过度的强迫、加压反而可能加剧情绪困扰，甚至引发自我否定，让许多人干脆"破罐子破摔"，放弃改变自己。

拖延的本质，是无法处理负面情绪而导致的消极回避行为。

真正阻碍拖延者的是一些深层次的问题，如过度完美主义、习惯性逃避、心理能量匮乏等。这些问题平时藏在潜意识之中，不易察觉，但当我们面对困难的任务时，它们就会被触发，引起焦虑、恐惧、抵触等情绪。拖延者无法处理这些负面情绪，就会采取拖延任务的方式来逃避。

图1.1　拖延的形成机制

就如图 1.1 所示，拖延的形成机制如同冰山：露出水面的是拖延行为，而隐藏在水面之下的则是多种深层问题。如果我们只关注水面以上的部分，强行推进行动，而忽视对情绪的疏导和对深层问题的察觉、解决，那么自然无法撼动这座巨大的冰山，这就是解决拖延的传统方法往往无效的原因。

认清了拖延的本质，我们就不难理解，走出拖延的关键并不是强迫和加压，而是勇于直面自我，探寻和解决深层次的问题。在下一节中，我们将带大家"深入水下"，分析拖延的六大深层问题。请不要再为过去的拖延而否定自己，相信你能够跟我一起，勇敢面对曾经的恐惧和逃避，这不仅能让我们告别情绪困扰，恢复动力，更能带来深刻的自我觉察与持续的成长。

学员提问：你上面列出的这些现象，我命中好几条，但我一直觉得是因为自己懒惰，那该如何判断我的情况是懒惰还是拖延？

作者回答：二者的区别在于思想和行动有没有冲突。例如：懒惰的人面对运动计划时会说"锻炼太累，我不需要"，对于不行动没有思想负担；而拖延者则认为自己应该锻炼，甚至会制订详细的计划、购买运动装备，却在真正行动时被"今天天气不好""调整好状态再开始"等念头绊住脚步。如果你经常因为"该做却做不了"而陷入自责，就是典型的拖延问题。

拖延的六大深层问题

通过上一节的分析，我们已经明确：拖延并非懒惰，而是有更深层次的问题。在为数十万拖延者提供帮助的实践中，我总结出了拖延的六大深层问题，以帮助大家更精准地认识自己，找到改变的突破口。

问题一：过度完美主义

完美主义可以说是拖延最典型的原因。很多优秀的人也会饱受拖延的困扰，其"罪魁祸首"往往就是完美主义。追求完美本身是一种积极的心态，但如果这种心态过度发展，"想成功"的期望往往会被"怕失败"的恐惧所压倒，反而成为行动的障碍。

完美主义者习惯于为自己设定苛刻的标准，为了确保万无一失，他们经常在准备工作上花费大量精力，结果却是不断抬高行动门槛，越来越难以迈出第一步。"不完美就不干"的信念，看似励志，但经常成为完美主义者放弃行动的借口。

问题二：习惯性逃避

面对压力时，逃避是人类的本能反应。将有挑战或不愉快的任务搁置起来不去处理，就可以逃离任务引发的情绪压力，带来短暂的安宁。然而，持续用这样的方式来应对压力，会让我们形成习惯性逃避的心态，做事"专挑软柿子捏"，逐渐丧失挑战重要任务的能力，甚至面对机会也找借口放弃。

习惯性逃避还会引发压力下的非理性行为。当截止时间迫近时，理性告诉我们必须立刻行动，但拖延者面对激增的压力，反而更想逃避，进入越是火烧眉毛越拖延的状态。

问题三：时间管理能力差

时间是不可再生的宝贵资源，而高效利用时间是一种需要学习和锻炼的能力。欠缺时间管理能力的人在面对纷繁复杂的任务时，往往无法有效地规划、组织和保护自己的时间，常见的情况包括以下三种。

乐观幻觉： 严重低估完成任务所需的时间，导致在截止时间前焦虑赶工。

专注力丧失： 在任务之间不断切换，时间被切割成碎片，难以深度思考，导致效率低下。

优先级错乱： 无法按照轻重缓急合理安排任务的优先级，导致在"救火"中疲于奔命，或是被琐事牵制和消耗。

问题四：心理能量匮乏

心理能量是驱动行动的内在燃料，它的高低直接决定了我们能够应对什么难度的任务。

心理能量高的人能够专注投入工作、学习和娱乐，在面对挑战时也会保持积极的态度；而心理能量低的人则容易畏难、烦躁，甚至对以前能做到的事情也觉得力不从心。

长期的能量耗竭会让人丧失行动意愿，甚至对吃饭、洗澡等日常小事都产生抗拒，陷入手机依赖、暴饮暴食、冲动性购物等消极状态。

问题五：选择困难

生活中充满选择，在选择上过度追求最优解会让我们在细节上陷入没有必要的纠结。很多人连购物、吃饭这样的琐碎选择都要反复权衡，耗费大量精力。甚至经常主动增加选择，永远希望等到最好的条件和时机再行动，导致决策系统瘫痪。

选择困难的人，非常害怕承担选错的后果，因此下意识地用拖延回避可能的错误，表现出患得患失、预支焦虑的状态，最终陷入"想得多、做得少"的困境。

问题六：自我价值感低

自我价值感指一个人对自己能力和存在意义的认可程度。自我价值感低的人往往会怀疑自己的能力，在面对挑战时更容易感到无力和恐惧，进而出现拖延现象。

同时，他们常将任务结果与自我价值绑定——做得好意味着"我优秀"，做不好则等同于"我无能"。这种思维导致他们用拖延来保护自尊：只要不行动，就无须面对可能的失败。

自我价值感长期低下，还会使人过于看重外界评价，催生出过度共情、讨好型人格等问题，失去自己的目标和动力。

以上简要介绍了拖延的六大深层问题。如果你有几条都能"对号入座"，也无须感到意外，拖延往往是多种因素共同作用的结果。在后续章节中，我们将逐一剖析这六类问题的产生机制，并提供切实可行的解决方法。

为了帮大家更深入地了解自己，我们开发了一份拖延深层问题的在线测试题，请使用微信扫描下页二维码，用几分钟时间完成测试，就可以获得针对性的分析，以及对本书的个性化阅读建议。

【对谈】————————————————————

学员提问：除了上述这六个问题，拖延是否还有其他原因？

作者回答：是的，拖延是个很复杂的问题，还有很多因素也会导致拖延，比如以下两点。

第一，任务性质，如果任务本身无聊或者与个人的价值观不相符，也会降低我们的行动意愿。

第二，反抗控制，对于他人强制安排的任务（比如领导对员工，父母对孩子），当事人既无法拒绝执行，内心又有不满，便会用拖延表达潜藏的反抗。

测试结果：

☐ 问题一：过度完美主义

☐ 问题二：习惯性逃避

☐ 问题三：时间管理能力差

☐ 问题四：心理能量匮乏

☐ 问题五：选择困难

☐ 问题六：自我价值感低

自 评 问 卷

失控人生：拖延的连锁反应

拖延最初看起来微不足道，可能只是一个小小的犹豫，一次短暂的搁置，但任由这种情况发展下去，问题就会如同滚雪球一般逐渐变大，带来意想不到的混乱与危机，甚至将人生拖入失控的深渊。这并不是危言耸听，而是无数拖延者在现实中真切的遭遇。

小事拖成大事：损失的雪崩效应

拖延会显著增加我们处理事情的成本，让原本可以轻松解决的小事演变成棘手的难题。

多年前，我曾亲身经历过这样一件事，相信许多拖延者也能从中看到自己的影子：一位德高望重的老领导突然发来消息，邀请我参加一个极为重要的活动。这对我而言，无疑是意外之喜。

然而，这个邀请与我之前安排好的日程产生了冲突。

我顿时陷入了两难之中：是该为了这个难得的机会调整现有日程，还是拒绝机会，坚守原本的安排？在犹豫不决中，我当天并未回复老领导，准备第二天仔细权衡利弊再给出答复。

可到了第二天，我才发现自己陷入了更加尴尬的境地。因为无论我如何答复，都必须先解释为何昨天没有及时回复消息。我找不到合理的说辞，内心不断挣扎。尽管下定决心当天一定要回复消息，但事与愿违，有朋友临时找我帮忙，我忙得不可开交，最终还是没能回复。

到了第三天，这条未回复的消息已然成为压在我心头的巨石——这么长时间都没有回复邀请，实在是太失礼了，老领导会怎么看待我？未来还会不会给我业务机会？这些念头不断在我脑海中盘旋，让我对回复消息越发恐惧，甚至一度产生了装作没看到消息的荒唐想法。

最终，这个本该一分钟就能处理好的邀请，演变成了持续几周的心理重负，让我晚上睡觉都难以踏实。每次手机有新消息提示，都担心是老领导的责备。我满心懊悔，怎么因为拖延这样一件小事，把自己弄得如此狼狈？

对于我的自责，相信拖延者都能感同身受。许多任务在初期只需要投入少量时间和精力就能处理好，一旦拖延过了时间窗口，处理任务所需的成本就会像滚雪球一样呈指数增长，甚至彻底脱离控制，在一系列连锁反应中化作一场雪崩，让我们陷入更大的困境。

这种情况在生活中屡见不鲜。

比如，缴纳水电费本是在手机上两分钟就能完成的事，我的学员小林却拖延到欠费，最后不得不请假半天去营业厅补缴，还得担心影响自己的信用记录。

还有学员小张，因为拖延错过了网购退货的规定时间，不仅退不了"货不对板"的衣服，还在与客服沟通时发生争执，导致她整整一周都情绪低落，工作状态也大受影响。

这些原本微不足道的小任务、小问题，就在我们一次次的逃避与等待中不断累积压力，最终"小事拖大，大事拖炸"，演变成让我们难以承受的沉重负担。

好事拖成坏事，让机会变质

拖延不仅会增加处理事情的成本，还会把本来的大好机会转变为问题，把本来对我们的支持转变为怀疑，进而引发自我否定。

我的学员林女士在食品公司担任产品总监。公司安排她牵头与某个知名品牌联名合作一个项目，这是她整个职业生涯都梦寐以求的珍贵机会。因此，她要求自己必须"把方案做到完美再发布"，带领团队在几个月内不断测试产品，修改营销方案，通宵达旦地优化每一处物料的设计细节。

可就在发布前夕，竞争对手抢先推出了同类联名产品。看着对方并不完美的设计在社交媒体刷屏，林女士无法原谅自己。"现在回看，那些纠结根本不影响核心创意，我不该拖延这么久。"她苦笑道，"起了大早却赶个晚集，我自己丢工作是应该的，但我真对不起被整个裁掉的团队。"

这样的悲剧每天都在我们的身边发生着。

有工程师一直不敢申请晋升考核，等准备好时岗位已被新人占据；有设计师拖延错过了投稿时间，结果比赛大奖被模仿者摘走；有企业迟迟不提交商标申请，结果被竞争对手抢先注册；有创业者犹豫三个月未签署投资协议，结果行业寒冬降临，融资窗口直接关闭。

这种"好事拖成坏事"的情况，往往有着相似的发展路径：首先是机会降临，比如获得培训名额、投资机遇、合作邀约等；接着，拖延者会用"需要准备""再想想"等理由推迟决策，拖延行动；随着时间推移，市场变化、名额满员或他人抢先等，导致条件发生改变；最后，不仅错失机会，还要面对愧疚、质疑等衍生问题，承受后果的反噬。

更可怕的是，这种"好事拖成坏事"的模式会严重伤害自我价值感。当"我本可以……"的遗憾不断累积，拖延者在新的机会到来时也会产生"这次又要搞砸了"的心理暗示，并且最终形成"我不配得到机会"的自我设限。

习惯自我欺骗

拖延更深层次的危害，是让人从找理由和借口开始，逐渐形成自我欺骗的思维惯性。

拖延者经常会为拖延行为寻找各种理由，比如："晚一天提交也没什么大不了的"，这是通过缩小代价来麻痹自己；"现在行动太冲动，还需要更周全的计划"，这是把逃避行为美化成充分准备。

拖延者还常常把自己的消极被动归咎于虚构的外部因素，比如：明明没有主动找领导沟通，却借口"领导没明确要求，做了也是白做"；没有邀请同事协作，却想象"同事不配合，我没办法推进工作"。

无论是自我合理化还是外部归因，都是在扭曲事实，让拖延者能够免受自我批评和外界谴责。

不仅如此，拖延者经常给自己许下无法实现的承诺，比如"明天一定早起学习""周末能把所有工作都补上"等。在做出这些承诺的当下，焦虑感确实能得到缓解，仿佛问题已经解决。然而，到了截止时间，拖延者又会制造出新的借口，进入"承诺—拖延—新承诺"的循环，让每次的承诺都成了对自己的欺骗。有位学员曾坦言："每次我说'下周就开始'的时候，都是真心相信自己这次能做到，可真的到了下周，又会觉得'下个月才是开始的最佳时机'。"

这些做法会引发严重的认知偏差，使得拖延者越来越难以分辨现实的困难和自己虚构的障碍，并且把空头承诺伪装成真正的行动。长此以往，拖延者不再需要寻找理由，他们可以随时主动编造出借口，让拖延行为变得心安理得，甚至连人格都在潜移默化中被侵蚀，从正直诚实堕落成油滑虚伪。

自我欺骗的做法如同饮鸩止渴，虽然能带来短暂的心理安慰，但无法真正解决问题，反而会让拖延者陷入更被动的境地。而且，当我们用虚构的理由自我麻痹时，旁人早已察觉到真相。拖延者对内的自我欺骗，最终会造成对外的信誉损失。

制造"信任负债"

拖延从来不是一个人自身的困局。当自我欺骗成为习惯，拖延者亲手签下的"空头支票"，终将在人际关系中引发连锁违约。每一次推迟回复消息、延误工作交付、临时取消约定，都在消耗他人对我们的信任。

拖延从来不是孤立的个人问题，它会让别人对我们的可信程度产生质疑，甚至影响人际关系与合作机会。我把因为拖延产生的信用透支称为"信任负债"，它给拖延者带来的代价远超想象。

信任是社交中的核心资产，是高质量的关系和有效合作的基础。

在人际关系中，每个人都相当于在他人心中开设了无形的"信任账户"，而我们的行为决定了这个账户中的资产——守时到达、按时完工、及时回应、兑现承诺等行为，是向信任账户中"存款"；而迟到、拖延、逃避沟通、无法履行承诺等行为，则是从账户中"取款"。

当支出超过储蓄，信任账户便会陷入"负债"状态。信任账户的存取并不对称，积累信任需要持续的守约记录，而一次严重拖延就可能让信任瞬间归零。

现实中，这样的案例屡见不鲜。

我的一位学员曾经向同事承诺"明天一定提交资料"，之后却连续推迟了三天，导致对方被迫熬夜补救工作，从此这位同事坚决拒绝与她合作。

还有一位做销售的学员，错过了年底给客户开具发票的时间节点，导致客户无法报销费用，客户一怒之下把次年数百万的订单全部转给了这位学员的竞争对手。

另有一位学员，答应爱人在周末维修家中渗水的水管，却因为拖延使得渗水扩大成了漏水，泡坏了地板和家具。夫妻之间为此爆发了激烈的争吵，引发了长达一个月的"冷战"，让家庭关系面临严峻考验。

信任负债往往从细微处开始累积。初期的偶然拖延可能被理解为特殊情况，但当拖延成为常态，他人就会重新评估你的可靠性。

创业者田先生的经历很有代表性：第一次他因为误机而无法参会时，团队推迟了会议日程；第二次他又提出推迟时，团队已经不愿意再配合调整，只是在会后给他发送了会议纪要。再后来，团队开会默认他会缺席，决策过程中不再试图征求他的意见。

当人际关系中出现信任负债的状态，意味着拖延已经引发了深远的负面影响。

在发展层面，同事不再推荐合作机会，朋友不再邀约重要活动，客户转向了更可靠的竞争者。

在心理层面，当拖延者意识到自己成为"不可信"的代名词时，往往会产生"破罐子破摔"的心态："反正已经被贴上了拖延的标签，再拖延几次也无所谓。"

在社交层面，处于信任负债状态的人会主动回避交流，远离原有的社交圈子。这相当于瓦解了自己的社会支持系统，导致在遇到压力时无法得到有效疏解，长期陷入"越拖延越孤独，越孤独越拖延"的怪圈，走向自我封闭。

上述四个方面的代价，往往是在潜移默化中逐渐加大的。拖延以看似温和的方式，一步步瓦解我们对生活的掌控能力。当拖延者惊觉的时候，生活已经在连锁反应中失控了。

幸运的是，拖延是完全可以解决的。下面我们将从理念开始，落地到具体的心法和工具，帮助你克服拖延，重新掌控生活。

　　学员提问：拖延已经让我错过了升职、感情破裂，现在改变还有意义吗？

　　作者回答："种一棵树最好的时间是十年前，其次是现在。"过去已经发生的事情即使无法改变，但未来仍然掌握在你手中。解决拖延不是为了修补昨天，而是为了阻止明天继续崩塌，把人生方向盘抢回自己手里。

　　现在改变，将来的你会感谢现在的你。

重塑信念：拖延完全可以解决

解决拖延并没有你想象中这么难，这一结论建立在对拖延机制的深入研究与大量实践的基础上。正如前文分析，引发拖延的深层问题是可以识别的，而且能够通过有针对性的策略进行干预，以釜底抽薪的方式消除拖延的根源。事实上，在过去三年里，以本书方法为核心的课程已经通过了 20 余万人的实践检验。结果证明，拖延的行为模式不仅可以改变，而且效果能够长期保持。

在开始介绍进一步的方法前，先分享几个解决拖延的关键心态，有助于你更好地改变自己。

心态一：顺应人性，而非强迫对抗。

我们不应假设自己是理想化的、完美的，而是要坦然接受每个人都有弱点。人类天生追求舒适、规避痛苦，这是进化过程中刻入基因的本能，我们的意志力也是有限的资源，不能承受过度消耗。

许多人在改变过程中陷入误区，试图用严苛的自律逼迫自己行动，甚至把"强迫自己去做不喜欢的事情"等同于自律，这种做法与人性背道而驰。要求拖延中的人"马上自律起来，别再拖延了"，无异于要求抑郁症患者"马上开心起来，别再抑郁了"。这不但无效，反而会增加压力，让人在自我否定中彻底放弃改变。

本书提供的方法和工具并不要求你成为"自律机器"，而是帮你提升对拖延的认知，有效调整情绪，降低行动门槛，让"开始行动"比"继续拖延"更轻松。我们并不否定人性中对轻松舒适的追求，而是要把这种追求转化为行动的推动力。

心态二：直面内心，而非自我欺骗。

拖延行为的背后，往往潜藏着未被识别甚至不敢触碰的深层问题。只有勇敢直面自己的内心，进行深入且诚实的自我觉察，才能准确识别问题根源，有针对性地进行改变。

拖延者还非常善于自我合理化甚至自我欺骗，这样的心理防御机制往往会侵蚀自我认知，阻碍我们对真实情绪的察觉。在解决拖延的过程中，我们完全可以以观察者的视角重新认识自己，如同医生客观审视病灶，不带评判地面对拖延背后的真实情绪和心理动机（如对失败的恐惧、对外界认可的期望），才能将模糊的焦虑转化为具体的改进目标。

心态三：敢于改变，而非自我设限。

拖延者经常把拖延认定为固有的、无法改变的特质——"我天生拖延，改不了""我这个星座就是完美主义""我拖延了二十年，现在改变太晚了"。这种自我设限的心态，让他们在面对机会时，不是勇敢地去尝试，而是先预想失败，从而错失机会。他们已经对现在的失败习以为常，担心万一改变不成功会带来新的挫败，于是宁可放弃改变的机会，把失败当成舒适圈。

许多人戏称自己有"拖延癌"，这种自嘲的背后也隐藏着自我设限——如果拖延是一种"绝症"，那么我无法"治愈"它就很合情合理了。我曾经也不理解，为什么我在直播讲解决拖延的方法时经常遭到莫名其妙的攻击？为什么这些陌生人表现得如此愤怒？后来才明白，他们愤怒的根源在于无法接受"拖延可以解决"这个事实，因为这会戳穿他们自我设限的思维逻辑。

我们完全可以积极地拥抱改变。拖延完全可以解决，成长并不总是伴随着痛苦与挣扎，通过正确的方法，我们可以在轻松愉悦的氛围中逐步实现自我超越。每一次的小进步都是对自我的肯定与鼓励，它们将汇聚成推动我们不断前行的强大动力。

以上三种心态是打破拖延困局的心理基石，它们不是空洞的口号，而是后续具体方法的基础。从第二章开始，我们将进入实战阶段，深入探讨如何从这些心态落地到工具——比如用"5分钟启动法"降低行动门槛，用"最差目标法"破除完美主义。在此之前，请先记住：解决拖延的关键不是成为"完美的自律者"，而是学会与真实的自己沟通和合作。当你不再把拖延视为敌人，而是视为改变的信号时，成长就已悄然开始。

【对谈】

学员提问：书中的方法对年龄大、拖延时间长的"重度患者"有效吗？

作者回答：年龄并不是障碍。我的学员中退休人群都大有人在，他们虽然不需要再面对工作压力，但普遍因为拖延而存在纠结的内心矛盾。他们在获得改变之后也往往感慨，如果能早点开始该多好，一辈子都会不一样。

当然，拖延时间较长或者程度较重的人，积累了更深的自我否定，因此更需要从"微小胜利"开始重建信心，既然"冰冻三尺，非一日之寒"，那么也可以在解决拖延时给自己更多的空间，接受自己的状态波动。

第二章

迈出关键的第一步

毒蛇曲线：焦虑如何吞噬行动力

    通过上一章的分析，我们已经对拖延有了全面的认知。既然引发拖延的直接原因是情绪，那么我们本章就先从调节情绪入手，争取迈出行动的第一步。

    焦虑是拖延者首先要面对的情绪挑战。我们可以通过面对一项具体任务的心理变化，解析焦虑的发展规律。

    任务通常会有一个截止时间，英文称为 deadline，直译过来是"死线"，非常有压迫感。截止时间是我们的压力来源，一旦任务晚于截止时间完成，会带来严重后果。

    在截止时间尚远，还有充足时间可以完成任务时，拖延者往往不会直接启动。这时候阻碍我们即刻行动的，可能是任务有一定难度和不确定性，也可能心态上已经习惯性地搁置任务，认为"时间还早，不着急"。此时，拖延行为已经出现了，但是带来的焦虑感并不明显，甚至可能让人感到一丝轻松。

然而，随着时间的推移，当周围的人开始催促，我们也意识到截止时间逐渐迫近时，焦虑感会急剧攀升，就像一条毒蛇昂起头准备发起攻击一样。

在这个阶段想要启动工作，首要的困难不是面对工作任务，而是要面对"我已经拖延过"这个现实，要面对拖延带来的后果。这种面对会让我们产生愧疚和自责等情绪，只想用回避工作的方式继续逃避。但此时，再想麻痹自己已经很难了，截止时间近在眼前，焦虑感这条"毒蛇"随时可能向我们的内心发动攻击。主导我们的不再是理性，而是情绪："我怎么又把自己弄得如此狼狈？""这次彻底完蛋了！"

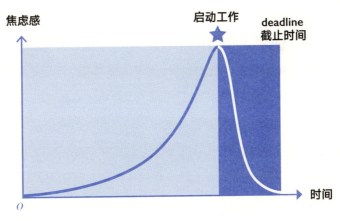

图2.1 毒蛇曲线：启动工作后焦虑感迅速下降

和每一位拖延者一样，我也切身体会过这样的痛苦与煎熬，我绘制出了这条焦虑与拖延的关系曲线——图2.1的毒蛇曲线，它展示了一个残酷的现实：我们为缓解焦虑而拖延，却因拖延制造了更剧烈的焦虑。

　　幸运的是，转折点始终存在——只需在任务的方向上迈出一小步（哪怕只是写下第一段文字、画出框架的草图），焦虑感就会明显减少。任务启动后，我们比拖延的时候要更忙碌，但手忙脚乱地推进工作反而会消解焦虑情绪，有目标的忙碌比空想的焦虑要好很多，在行动中我们可以重新找回对任务的掌控感。

　　这条曲线可以划分为两个截然不同的区域：浅蓝色区域与深蓝色区域。

　　浅蓝色区域展示了工作启动前，越拖延越焦虑的状态。在这里，焦虑从起初的微弱逐渐增强，直至迫近"死线"时迅速达到顶峰，如同毒蛇正蓄势待发，令人心惊胆战、手足无措。

　　与之相对的深蓝色区域，展示了工作启动后焦虑骤降的状态。此时大脑已经从灾难化想象模式切换到问题解决模式，那些臆想中的"完蛋了"大多被证实只是虚惊一场，这让我们后悔为什么没有尽早迈出第一步。

　　所以，要想不再被焦虑感这条"毒蛇"攻击，关键在于有意识地压缩浅蓝色区域，更早启动，从而更快地跨进深蓝色区域。扭转焦虑情绪只需要"一个非常微小的行动"，微小到与结果无关。

亚马逊集团的创始人贝索斯说过："压力并不来自辛勤工作，压力主要来自你回避自己能做到的事。"我们不要妄想等到焦虑消失再行动，而是要通过行动让焦虑消失。

【对谈】

学员提问：重要任务启动前，我会焦虑到手脚发麻，身体像被"冻住"，这正常吗？

作者回答：这是焦虑引发了身体的应激机制，大脑进入了"战或逃"模式，这是人类进化过程中留下的本能，强行压制反而会加剧紧张，更无法行动。

此时要做的不是强迫行动，而是先切断灾难化想象。比如，对自己说："我现在觉得完蛋了，但这只是情绪，不是事实。"然后做一件与任务无关但能转移注意力的事，或者让身体舒展的动作，当焦虑峰值过去，再尝试微小行动。

开端就是成功的一半

在上一节中我们已经了解到，从图 2.1 的浅蓝色区域跨越到深蓝色区域只需要一个非常微小的行动，而这恰恰是拖延者最容易抗拒的关键点。我将拖延者心态总结为"三个一"——一劳永逸、一蹴而就、一步登天，而结局却经常是另外的"三个一"——一动不动、一事无成、一蹶不振。

为了改变这种心态，我们要鼓励自己先迈出一小步，甚至可以不用关心行动的结果。哪怕只是写下第一个标题、画出草图、回复一封简短的邮件，这一小步就能打破焦虑的恶性循环，让改变真正发生。

为什么这一小步如此重要？

第一，它可以帮我们调节情绪。

如前文所述，拖延的直接原因是情绪调节失败，拖延者并非缺乏完成任务的能力，而是被任务引发的负面情绪压倒，进而选择用拖延作为"情绪止痛剂"。因此，面对拖延，我们首先要处理的并不是任务，而是情绪。

空想的状态是最焦虑的。当我们停留在空想阶段时，大脑会放大任务的困难，用灾难化想象制造焦虑。当我们迈出一小步，事情就变得具体了，具体是焦虑的敌人。注意力会从对结果的恐惧转向对过程的掌控，焦虑感自然会减少。

第二，"迈出一小步"可以帮我们把大脑的控制权交还给理性。

拖延者在思想和行动上产生冲突，根源在于大脑的两个核心区域不断争夺控制权。大脑中的边缘系统负责情绪反应，它如同敏锐的哨兵，不断扫描着环境中的变化，帮我们应对威胁。前额叶皮质则掌管理性规划，它如同冷静的指挥官，能够抑制即时冲动、聚焦长期目标。边缘系统的工作机制是时刻在线，保持警惕，而前额叶皮质的活跃则需要主观意愿来驱动。

当拖延者面对任务压力时，边缘系统会将任务解读为"威胁"——无论是担心失败的羞辱、被批评的风险，还是对任务难度的恐惧，都会触发压力激素（如皮质醇）的分泌，并且抑制前额叶皮质的理性功能。此时大脑进入应激状态：心跳加速、注意力涣散，本能地选择逃避（拖延）而非直面挑战。

"迈出一小步"正是帮我们启动前额叶皮质，通过微小行动向大脑传递"安全信号"，让逐渐活跃起来的前额叶皮质有机会占据上风，逐步恢复理性脑的控制权。

第三，"迈出一小步"不仅有短期的缓解，也有长期的价值。

拖延者熟悉的是恶性循环：拖延引发焦虑，焦虑带来对拖延行为的悔恨，产生自我否定，自我否定降低了自我价值感，进一步阻碍行动，形成图2.2中的恶性循环。

图2.2　拖延的恶性循环

在这个循环中，我们的拖延行为不断被强化。然而，拖延的自我强化特性也蕴含着改变的契机。

一旦开始行动，焦虑感便会减轻，因为注意力从对未知结果的担忧转移到了实际问题的解决上。随着行动的持续，每完成一个小任务都会带来成就感，这种成就感会增强自信心，推动我们更快地投入下一个任务，从而进入图2.3中的良性循环。

图2.3　行动的良性循环

长期拖延会强化大脑中"拖延—焦虑—否定"的神经连接，形成条件反射式的拖延习惯。图 2.1 中浅蓝色区域到深蓝色区域的跃迁，是在通过行动重塑神经通路。每一次微小启动，都在弱化旧有的拖延神经通路，同时强化"行动—放松—自信"的新通路。

因此，请不要再用"良好的开端是成功的一半"限制自己的行动。在变化缓慢、机会难得的年代，这句话可能有价值，但在当前这个快速变化的时代，我们首先要解决动起来的问题，请告诉自己"开端就是成功的一半"。

正如一位作家朋友所言："对我来说，写作全过程最难的两个环节，第一是打开电脑，第二是打开文档。只要我能开始，我就能完成。"

那么，如何调整好情绪，让自己迈出这关键的第一步呢？接下来的两节中，我们将介绍两种方法，帮你降低门槛、调整心态，顺利迈出第一步。

【对谈】

学员提问：总想等"状态好"再开始，但永远等不到，怎么办？

作者回答："状态不好"是拖延的经典借口。状态不是行动的前提，而是行动的结果，大脑的工作模式就像发动机，需要先启动才能进入高效运转。因此，没有必要等待完美的状态，可以使用接下来介绍的方法，先让自己"点火启动"。

"5分钟启动法"：
用最小的单元破局

第一个破解拖延的实用方法是"5分钟启动法"，来自著名社交应用照片墙（Instagram）的创始人凯文·斯特罗姆的亲身实践。即便身为成功企业家，凯文·斯特罗姆也曾饱受拖延的困扰，而帮他突破行动僵局的正是这个简单的方法。

"5分钟启动法"的思路很简单：面对一项任务时，先承诺自己只投入 5 分钟时间。别小看这 5 分钟，它往往能打破行动的僵局。许多人发现，一旦开始这 5 分钟的行动，就不再抗拒任务，甚至完成远超预期的工作量。

为什么这个简单的方法如此有效？从心理学和脑科学的角度分析，它能调整我们面对任务时的心理状态和行为模式。

"5分钟启动法"降低了任务的启动难度。

当任务以整体面貌出现时，看起来过于庞大或复杂，容易让我们在心理上产生抗拒情绪。"5分钟启动法"相当于从整体任务拆解出了一个极小的、确定的部分，让我们增强掌控感，从而更有勇气开始行动。我们尊重大脑对大困难的抗拒，所以先选择一个小任务来启动。

"5分钟启动法"还利用了大脑的惯性。

大脑一旦开始某个行为，就更容易在惯性下持续下去。先投入5分钟是个极小的行动单元，但是足以撕开拖延防线，启动大脑的行动模式，让我们更容易完成整个任务。

5分钟的行动能够激活大脑中的奖励系统，帮我们建立信心。

长期拖延者容易陷入"我什么都做不好"的自我否定，这种心态只有通过行动才能改变。每完成一小部分任务，信心就增强一分，"我能做到"的成就感会逐步瓦解消极心态。而且，大脑会释放多巴胺等神经递质，让我们感到满足和愉悦，奖励我们把行动继续推进下去。这种由行动引发的积极反馈机制，能够有效对抗拖延带来的负面情绪，打破拖延与焦虑的恶性循环。

"5分钟启动法"重点不在于任务的最终结果，而在于调整情绪。下次当你面对看似无从下手的任务时，不妨试试告诉自己："我只需要开始5分钟。"勇敢迈出这第一步，你会发现，行动的价值远大于完美的想象。当你用5分钟画出第一版草图、写下第一段文字时，你已超越了无数停留在"准备阶段"的人。

学员提问：如果试了 5 分钟还是不想继续，就说明这个方法对我没用吗？

作者回答：不是的，这个方法本来就不是强迫你一下子完成任务的，它的目的是帮你绕过大脑的抗拒，先启动起来。如果 5 分钟后实在不想做，停下来也没关系，但要记住你已经有所行动了（比如已经写了一点内容）。当你多尝试几次后，大脑会逐渐建立起"开始行动并不难"的记忆，拖延的惯性自然会越来越小。

心法一：想想未来的自己

　　拖延的另一个主要原因，源于我们对即时满足的追求。那么如何打破这种心理局限呢？我在这里分享一个心法——想想未来的自己。在我们的意识里，存在"现在的自己"和"未来的自己"，二者相互影响又相互冲突。怎么样对待未来的自己，会影响到现在的你是否拖延。请先用1分钟思考一下，你脑子里未来的自己是什么状态的？是不是比现在更理想、更完美？

　　答案一般是肯定的。拖延者往往会把"未来的自己"理想化，觉得未来的自己是完美的、顺利的，认为未来的自己不再拖延，能够雷厉风行，假设未来的自己有足够强的主观能动性，能坚持锻炼身体，能把枯燥的书看下去，能把今天收藏的文章读完……甚至经常在潜意识里出现一种心态——"把未来的自己当超人"，幻想他能解决未来所有的问题。

如果未来的自己是超人，那现在当然就可以心安理得地拖延下去。可以为了现在省下 1 分钟，给未来埋下耗费 10 分钟的隐患。可惜，时间过去你却发现，那个"未来的自己"并不是超人，他依然是你——他同样会疲惫、会抗拒、会低能量、会面临各种突发状况。而且未来的自己面对的局面更糟了。那些被一再推迟的工作，不仅不会自行消失，反而会在未来以更加棘手的面貌出现：你会错失很多机会，错失很多业务，错失自己的成长，错失别人的信任，最后未来的自己就过得越来越难了。

每一位拖延者，都曾经被过去的自己射出的子弹正中眉心。但是，现在的我们又完全忽视了这一点，仿佛拖延行为在未来惩罚的是别人。所以，你在真的很抗拒行动的时候，调整自己心态的方法，就是想想未来的自己。未来的我还是我，跟现在的我是一样的，还是个普通人。那我要不要让他过得太难受？别为难自己了，我们对未来的自己好一点，现在先把事做了，未来的自己会更轻松的。

拖延之所以难解决，是因为它经常表现为"先奖励后惩罚"，奖励的是当下的自己，10 倍惩罚的是未来的自己。可惜，许多人判断失衡，过于看重当下的奖励，而忽视了未来的惩罚。对不少人而言，通过努力完成一个项目获得的未来满足感，比不上立即可以获得的放松奖励让人兴奋。

过度重视当下，认为"未来的收益不如眼前的轻松重要"（例如，选择今天追剧而非为下周的考试复习），其心理根源正是前面说的：大脑边缘系统追求即时满足，压制前额叶皮质的理性规划，尤其在任务引发焦虑时更明显。然而，这种短视的满足往往会在未来酿成苦果，为"未来的自己"埋下隐患。想想未来的自己，可以让我们减少过度重视当下的情况。

试着对未来的自己好一点：今天开始进入工作，相当于减少了明天的焦虑；今天完成部分任务，相当于为明天的自己储备了时间弹性；此刻处理掉琐事，相当于帮未来的自己减少决策负担；现在开始行动，相当于让未来的自己拥有更多灵活空间。这种视角转换能激发责任感，把心态从"先享受后受苦"变成"先投资后获益"，关注长期策略，拖延就会自然缓解。

"5分钟启动法"和"想想未来的自己"可以结合起来使用。在你明知道该行动却动不起来的时候，先试试能否先干5分钟？然后再想想，要不要让未来的自己更难？用这样的方法和自己沟通，往往能够顺利迈出这关键的一小步。

【对谈】

学员提问：为什么把"想想未来的自己"称为"心法"？

作者回答：本书从这里开始，共会给出7条"心法"，都是帮助读者调整心态的具体技巧。"心法"可以理解为一种自我对话方式，用来改变观念、理顺情绪。拖延既然是情绪引发的问题，我们就要重视情绪的调节。这7条"心法"可以和工具相配合，帮助我们更积极地行动起来。

愈合拖延的伤口：
从简单任务重建掌控感

    如果你在使用"5分钟启动法"和"想想未来的自己"这两种方法时，仍然觉得启动有障碍，可能是因为长期拖延已经形成习惯，让心理能量处在非常低的水平。这时也不需要气馁，可以先找一件简单易行或力所能及的、积压的小事来完成，我称之为"愈合拖延的伤口"。

    有一件事情让我印象深刻。苏苏是我线上训练营的学员，第一天课后，她很激动地在社群里分享："陈老师，上完您今天的课，我觉得自己攒了一点能量，一咬牙把家里的猫砂盆给清理了。这个猫砂盆我已经两周没动了，猫的排泄物一直堆在里面。每次走过闻到不好的气味，都像在提醒我：'你是一个拖延者，你连这点小事都做不了。'每次我都觉得很难受。今天我终于下定决心把猫砂盆清理了，其实这也就花了5分钟时间，但是做完之后，我突然感觉格外放松、清爽，自己的心情都完全不一样了。"

为什么清理猫砂盆这件简单的事情，能让她整个人焕然一新？这就是"愈合拖延的伤口"的价值。

生活中有些小任务，比如拆快递、倒垃圾，看似不太紧要，随时可以处理，却被我们习惯性地搁置在一边。久而久之，这些本来易如反掌的小事会带来一种微妙的压力，无形中积累起了心理负担，消耗着我们的心理能量。

实际上，当我们选择推迟或逃避这些任务时，内心就在不经意间被划了一道伤口。随着这些拖延的小事不断积累，这些"伤口"逐渐扩大，拖延也因此变得更加根深蒂固。这些积压已久的小事时刻提醒着你，伤口并未愈合，时不时地隐隐作痛。它们让你感到内疚，产生自我怀疑，甚至是一种潜在的无力感——你觉得自己没有足够的能力去完成这些看似简单的任务。

拖延的伤口会削弱我们的自信心，让我们对自己的能力产生怀疑。当我们不断拖延这些小事时，内心的负面反馈会逐渐累积，形成一种"我做不到"的心理暗示。随着时间的推移，这种心理暗示会影响我们对其他任务的态度，让我们在面对更大的挑战时容易退缩。

如果这些拖延的伤口长期不愈合，就会对我们的心理和行为产生深远的负面影响。许多人沉溺在拖延中无法走出，也是因为太多的伤口正在"流血"。因此，需要先给自己"止血"，避免心理能量进一步消耗，恶性循环加剧。

当苏苏终于决定花 5 分钟清理猫砂盆时，她不仅完成了一个小任务，更是愈合了自己内心的一个伤口。正如她所感受到的那样，这一简单的行动带来了巨大的心理转变——她不再被拖延的阴影笼罩，而是重新找回了对自己生活的掌控感。这就是"愈合拖延的伤口"的力量：从小事做起，逐步恢复我们的心理能量，重建自信，最终让我们在面对生活的挑战时更加积极主动。

你有哪些"伤口"呢？提醒一下：未扔掉的垃圾、未处理的报销、没有拆开的快递、冰箱里堆积的过期食品、没有报修的损坏物品、没有处理售后的网购商品……

这些任务本身轻而易举，不存在"有没有能力做到""如何去做"这些问题，它们之所以被搁置，并非因为太过复杂，而是因为拖延成了常态，一点都调动不起来自己。

这些任务看似微不足道，但因反复被推迟，逐渐成为心理负担，不断消耗我们的心理能量，引发内疚、自我怀疑和焦虑。

因此，这个看似简单的行动，实则是打破拖延链条的关键。当你能果断处理一件拖延几个月的小事，就相当于给大脑发送了双重信号：一是"我有能力完成任务"，二是"完成后的感觉比逃避更好"。这种体验会形成神经记忆，逐步瓦解"我做不到"的固化认知。

这个猫砂盆的故事也提醒我们，拖延并不是无法克服的障碍。只要我们愿意行动，即使是从最小的任务开始，我们也可以治愈那些因为拖延而形成的心理伤口，重新掌握生活的节奏。通过不断尝试和实践，我们会发现，愈合这些伤口的过程，正是我们迈向更高人生目标的起点。请你不妨现在就完成一件积压的小事，尝试着去"愈合伤口"，任务完成后，记得要奖励自己。

【对谈】

学员提问：处理完小事后，如果依然无法面对核心任务，是否白费力气？

作者回答：这些小事虽然看起来并没有解决关键问题，但是对信心的重建意义重大。长期拖延的人，先得从调整情绪、重建信心开始。每完成一件这样的小事，都是在向大脑发送一个信号——"我能做到，行动真的比拖延轻松！"这种正向反馈会逐步累积，最终帮你攒足心理能量，挑战核心任务。

消解信任负债，重建人际关系

　　随着行动的开展及自身拖延伤口的愈合，我们开始逐渐积累心理能量，从行动中恢复信心。这时，可以进一步做出改变，将关注点从自身转向外部，消除拖延对个人形象和人际关系造成的不良影响。

　　在第一章中我们了解到，拖延行为会破坏人际关系中的信任，导致信任负债。信任负债是指因为拖延态度或行为而在他人心中积累下负面印象，就好像在信任关系里欠下了债务一样，成为长期困扰我们的隐形负担。若想恢复健康的人际关系，必须优先"偿还"这些债务。这也是解决拖延问题必须走出的一步。

　　那么，要如何消解信任负债，重建信任资产呢？

　　首先，要诚实面对。

　　正视自己过去的拖延给别人带来的影响，不再回避问题，不再归咎于外部因素，也停止找借口和自我合理化。列出过去因拖延未兑现的承诺，如未完成的项目、未回复的消息等，然后问问自己"我的拖延让他人付出了什么代价"，比如朋友等待的时间、同事额外的工作量等。

认识到这一点，不仅能让你更了解过去的自己，还能为今后的改变打下基础。承认拖延行为并积极寻求改进方法，是走出拖延的第一步。

其次，要坦诚沟通。

与受到影响的人坦诚交流是消解信任负债的重要环节。比如你因为拖延没有及时完成工作项目，影响了团队进度，你可以在团队会议上诚实地向同事和领导说明情况，讲讲自己遇到的困难，并且说明后续解决问题的方法。如"很抱歉上次会议资料提交晚了，因为我低估了任务的复杂度，今后会提前规划时间"。

这样坦诚的表达，既能缓解他人的不满情绪，还能为重建信任创造机会。

最后，通过行动重建信任。

行胜于言，采取实际行动是重新建立信任的关键。例如，如果你在某个项目中因为拖延导致团队失误，你可以主动要求处理后续问题，或者承担更多责任来弥补之前的过错。这些行动能展示你的决心，切实修复因拖延造成的损害，逐渐恢复团队对你的信任。

在后续行动上有变化，才真正展现出改变的决心，避免承诺仅落在口头上。我们可以通过"小承诺—100%兑现"的方式逐步修复信任，比如"明天一定准时参会""收到消息后1小时内必回复""问题不过夜"，逐步提升自己的可信度。

当然，做到这些并不容易。这个过程可能像在揭开内心的伤疤，让人产生抵触感，但只有这样才能迈出新生的第一步。当你成功消解一笔笔信任负债后，因拖延带来的心理负担会逐渐减轻，焦虑和消极情绪也会减少，心理能量会慢慢恢复。

如果此刻你已经想到了曾经被自己的拖延影响的家人或朋友，不如现在就去和他们坦诚沟通，消解一笔信任负债。任务完成后，也记得主动奖励自己。

这样做之后你会发现，其实他们早就期待着你的改变，而你也开始更多地收获别人的善意。拖延者不仅能修复受损的信任，更能重塑可靠的个人形象，最终消除信任负债，重建信任资产。修复后的人际关系会成为强大的支持系统，给你不断前进的动力，最终帮助你彻底摆脱拖延的困扰。你的自我认同也会升级，你会从"拖延者"转变为"可靠的人"，形成"守信—自信—更高效"的良性循环。

学员提问：如何帮助身边的拖延者改变？孩子的拖拉磨蹭让我很抓狂。

作者回答：拖延的真正改变只能源于自我觉醒，家长如果居高临下地进行说教或催促往往起到反面效果。建议从如下几方面帮助引导孩子。

让孩子了解拖延是有深层问题的，帮助他分析并找到自己身上的原因。

以身作则，比如公开你的行动计划，并让他监督。

提供方法支持，比如引导孩子用"5分钟启动法"开始行动。

对于中学生，让他们直接阅读本书就会有所帮助。

第三章

用粗糙
打破完美主义怪圈

完美主义带不来完美

在前两章中，我们揭示了拖延的本质并非懒惰而是情绪调节失败，可尝试通过"5分钟启动法"和"想想未来的自己"等方法来打破行动僵局。从本章开始，我们要进一步深入，对拖延的六大类问题逐个进行解析并给出解决办法。

完美主义可以说是拖延最常见的原因。首先，让我们通过以下表现，识别你是否已被完美主义绑架。

完美主义的表现

设定极高标准：给自己的行动设定极高的目标和期望，达不到标准就当作彻底失败。要求自己的成果不仅要超过其他人，而且要超出很多。

等待最佳时机：对时间和环境有着严格的要求，比如必须有整段的空闲时间，且没有其他干扰因素才能开始着手处理重要事务。

过度准备： 总认为"必须万事俱备才能开始"，等待所谓最佳状态或完美环境。在行动前进行大量且细致的准备工作，确保万无一失。

细节沉迷： 对细节要求极为苛刻，为此投入大量精力。例如制作 PPT 或文档时，会反复调整字体、字号甚至间距，直至完全满意。把任何小失误都视为能力缺陷。

期望一劳永逸： 渴望通过一次性的努力完成大量工作，避免未来重复同样的任务。

要求过于理想化： 制订过于理想化，甚至完美到严苛的计划、时间表（如"每天学习 10 小时"），一旦未能执行便彻底放弃。

而且，这些完美主义的表现往往相互关联、交织在一起，结果是抬高了行动的门槛。

完美主义给启动制造障碍

追求完美本是向上生长的动力，但当这种心态走向极端时，就变成了困住行动的泥潭。完美主义的思维方式会驱使我们在主观上不断放大任务，将原本简单的工作放大为复杂巨大的挑战，进而产生对任务的恐惧，最终选择拖延来逃避这种恐惧。

完美主义者经常抱有这样的心态："如果一件事不能做到百分之百完美，那宁可不去做。"我也曾经这样标榜自己，但结果发现，追求完美实在太难，而找借口不干却很容易。"不完美就不干"实际上等于"不干"。

完美主义并不能交付完美成果

更为讽刺的是，完美主义者即使在反复自我动员下勉强启动了工作，也无法产出真正的完美结果。

我们用图 3.1 做例子，可以很形象地说明这种情况。

图3.1 某位完美主义者画出的马

假设当前的任务是画一匹马，完美主义者通常会从第一个细节开始，力求做到完美。例如，他们可能会从马尾巴开始画起，每一笔都力求细致，毛发要根根分明。在这个过程中，他们可能会花费大量时间在局部细节上，而忽视了整体进度。

当身边的人提醒要注意时间时，完美主义者并不在意，他们认为必须把每一个细节都做到完美，否则就不能满足自己对任务的严苛标准。然而，随着截止时间的迫近，他们终于意识到剩余时间已经不够完成整个工作。这时他们才不得不承认，自己已经把时间花在了太多不必要的细节上。最后为了能勉强交工，只能极为仓促地把马的前半身画出来，草草收场。

几乎每个完美主义者都交付过这样的成果。有学生为写论文查阅几百篇资料文献，却因为"没读完全部文献不敢动笔"，只写出了前一半，最终推迟了毕业。有设计师在做产品视觉形象整体设计时，执着于修改标识（logo）的阴影细节，导致整体设计方案延误。

我的学员林先生的经历非常具有代表性：作为产品经理，他带领团队开发新功能，要求每个细节都必须超越竞品，团队花了5个月打磨交互体验，结果上线后发现用户最需要的核心功能反而存在架构缺陷，不得不推倒返工。

这种现象就像画家执着于描摹马尾巴的每根毛发，等想起轮廓还不完整时，交稿铃声已经响起。过分追求局部完美，反而破坏了整体价值，最终导致任务只能草草收场，甚至直接放弃。

这些案例告诉我们，完美主义的拖延，本质是披着积极外衣的逃避。当我们说"要么不做，要做就做到最好"时，往往是在为拖延寻找体面的借口。那个永远准备不完的方案、永远修改不好的稿件、永远等待时机的计划,最终都成了证明自己"并非能力不足,只是不愿将就"的心理安慰剂。

如何打破这种完美主义?回到本书的名字——"粗糙"二字足矣。

【对谈】

学员提问:你身边清华、北大的人,那么优秀,难道也会拖延吗?

作者回答:是的,拖延和优秀并不矛盾。清华、北大的学生甚至老师中,拖延的也大有人在,而且他们的拖延往往和过度的完美主义有关——因为从小在学业上很成功,就希望自己一直成功下去,对失败非常敏感。当"想成功"的期望被"怕失败"的恐惧压倒,完美主义就成了行动的障碍。

粗糙：一种积极的行动心态

粗糙是完美主义者非常厌恶的一个词，却是打破完美主义枷锁的最佳工具。

本书提倡的"粗糙"并不是传统意义上的草率、马虎，也并不是要否定精益求精，而是一种积极的心态，鼓励我们降低行动门槛，在不够完美的状态下就开始行动。如同上一章提到的，先动起来，解决情绪问题，打破恶性循环。

如何将"粗糙"心态落地呢？我们可以从三个方面来理解。

环境粗糙化：跳出"仪式感"陷阱

完美主义者经常对环境做出严格要求：读书必须去图书馆或咖啡厅，锻炼必须去健身房，把环境的完美作为行动的前提，分外追求环境上的"仪式感"。这种对环境的执念，构成了他们完美主义的一部分。

然而，现实生活中，完美的环境要求并不是每时每刻都能达到的。一旦环境没有达标，完美主义者很容易直接放弃行动，甚至还很容易为自己找借口——"环境不好，做不到完美，那干脆不做"。这种心态不仅阻碍了行动，还让拖延变得合理化，甚至有时候，心里会默默期待环境不达标，这样就可以心安理得地不去行动。

为了破除这种误区，我们要尝试降低对完美环境的依赖，从环境开始粗糙起来。例如：没有健身房，可以在楼下跑步；天气不适合出门，可以爬两趟楼梯或者原地做几个蹲起。这些活动看起来微不足道，但能有效地打破拖延的循环，帮我们调节情绪。

我的学员，作家萨拉的转变就是一个典型的例子。她多年来习惯于在咖啡馆写作，认为更容易进入状态。当常去的咖啡馆装修时，她心安理得地连续三个月没有动笔，已经签约的小说面临无法按期交稿的风险，面对编辑不断地追问甚至上门催稿，她无言以对，陷入了极度的焦虑和自责。在粗糙心态的鼓励下，萨拉尝试破除对环境的依赖，每天早餐后就在餐桌上打开电脑，立即写作 15 分钟。结果，仅仅两周时间，她就突破了对于环境的要求，在家中完成了小说的大纲和基本设定，并且顺利交付了初稿。

降低对环境的要求可以降低行动的门槛，避免完美主义成为行动的障碍。当你开始行动后，就会逐渐积累正向的反馈，从而建立自信，形成良性循环。

时间粗糙化：粉碎"整块时间"幻觉

"等有整块时间再开始"是完美主义者的经典拖延话术，这种对时间的完美要求往往导致任务一再推迟。"等有一整天时间再学英语""等有假期后专心创作""从下个月1号开始减重"，等来的却是日渐消退的热情。

有一种非常常见的情况——买了书但不读，原因正在于此。我们可以复盘一下这种心态：买了本书，觉得需要一天的时间才能读完，于是告诉自己"等有一整天的时间，一口气读完"。这种心态看似合理，却大大提高了行动的门槛。

在"等一整天"这样的心态下，有一个小时的空闲出现，我们不会开始读书，因为没有达到"一整天"的门槛；有两个小时、三个小时的空闲，同样也不会开始。这种心态持续下去，即使期待中的一整天真的出现了，我们依旧不会开始，而是会想方设法找到一个借口来打碎这段时间，然后再告诉自己："我其实并没有一整天。"

我也曾有过类似的经历。还记得很多年前，为了解决自己的拖延，我买了几本心理学方面的书籍，计划找一个不受打扰的周末，一口气看完。结果，这个"不受打扰的周末"从来没有出现，直到次年搬家时，我才发现这些书已经躺在书架上落灰一年了，甚至大多数连塑料封套都没有拆开，这让我感到非常羞愧。

让时间粗糙起来，我们会发现，降低门槛更容易进入行动状态。哪怕只有 10 分钟的时间，我们也可以阅读书中最感兴趣的章节。粗糙化的时间破除了完美主义的心理障碍。

前文讲到的"5 分钟启动法"，也是为了打破这种对整块时间的执念，帮助我们利用碎片化时间开始行动。而且，这种利用碎片化时间打破完美主义心态的策略，比等待整块时间更符合现代生活节奏。

条件粗糙化：拒绝"过度准备"陷阱

过度准备是完美主义的典型症状。完美主义的心态抬高了行动的门槛，使得我们在面对任务时产生强烈的焦虑和恐惧，从而选择拖延作为逃避压力的手段。完美主义者往往陷入一个认知误区：希望通过无限期的准备来确保万无一失，结果却困在"越准备越怕失败"的怪圈中难以脱身。

我的学员小曾就曾深陷这个困境。他立志通过跑步强身健体，却先花费了大量时间研究装备：研究跑鞋的舒适度、反复比较运动耳机的参数、下载了多个运动 APP、加入几个跑友社群，还观看了很多关于跑步的教学视频，甚至钻研起了运动科学……却整整一个月都没有迈出第一步。直到接受辅导他才意识到，这些看似积极的准备行为，实则是内心抗拒跑步的伪装——通过"充分准备"的假象来逃避真正迈出第一步的焦虑。

在面对带有不确定性的机会时，这种现象表现得尤为显著。几年前，当直播行业风口刚刚兴起时，无数人高喊着要做自媒体，当"大V"，但几年过去了，真正做过直播的百中无一。我经常在直播间听到这样的感慨："陈老师，我想做直播比你还要早两三年，但是一场都没敢开，你是怎么做到的？"毫不夸张地说，这种感慨我在直播间见过上千次，而且他们有共同特征——一直都在做准备工作，买了声卡、麦克风、补光灯等各种设备，不断地测试、比较，不断报班学习直播技巧，却始终不愿意按下一次开播按钮。

其实，许多人自己都没有意识到，越是"勤奋"地做准备工作，内心反而越是在逃避。准备工作相对轻松，而且不会失败，能提供虚假的掌控感，让人误以为自己在推进工作。但过度准备会持续消耗心理能量，反而纵容了拖延——"今天研究了3小时电脑配置，可以休息了。"很多人把"磨刀不误砍柴工"当成座右铭，结果一个劲儿地在磨刀，没有力气去砍柴了。

我们要明确一点，在行动之前就想把准备做到完美，既没有必要，也不可能。很多问题只能在行动中才能暴露出来。正确的心态是先粗糙启动，过程中遇到问题再逐步解决，这样不仅能积累经验，还能增强信心。

粗糙的完成比精致的准备有价值一百倍。

学员里有一个餐饮店主的经历让我印象深刻，他计划通过直播推广烤肉生意，却不断陷入过度准备的陷阱：担心电脑配置不足、纠结绿幕尺寸、反复调整套餐组合……一个多月过去了，他仍然没有开始直播，甚至越来越害怕直播。学习"粗糙"理念后，他说自己"顿悟"了，果断用现有设备开启了第一场直播。虽然首场直播效果平平，但行动带来的真实反馈彻底打破了他对完美的执念。一周后，他的单场直播销售额已经突破7000元，他非常兴奋地来给我报喜。

总结一下，粗糙心态的本质，是通过降低启动门槛，让行动本身成为打破完美主义循环的"破局点"。粗糙是一种积极主动的态度，它可以帮助我们突破心理上的坚冰。拖延者常将理想条件神化为必需的行动前提，而通过说服自己接受粗糙的环境、时间和条件，我们就能告别不必要的完美主义，更加轻松地开始行动。

【对谈】————————————————————————

学员提问：在粗糙的环境里（比如很嘈杂），真的能更高效工作吗？

作者回答：环境粗糙化的核心是打破"必须完美才能行动"的执念。比如你习惯在图书馆学习，但某天只能在家工作，这时候与其抱怨环境太差，不如先打开书看10分钟。行动本身会帮你进入状态，逐渐淡化环境的影响。长期训练这种心态，你会发现自己对外部条件的依赖越来越低，行动力却越来越强。

粗糙才能实现真完美

自从提出"粗糙"心态以来，我收到了很多积极的反馈；同时也有不少疑问，最常见的就是——我的工作必须完美，怎么应用你的思路？你是不是反对把工作做到完美？其实不然，当我们提倡"粗糙"时，并非否定追求完美，而是反对那些停留在空想层面的"假完美"。真正的完美应当首先建立在行动之上，不开始行动，就不可能完美。空想的完美只会成为逃避的借口。

为了更好地理解粗糙心态，我们回顾一个许多人曾在课本上读到过的故事，来自清代文学家彭端淑的《为学》：

蜀之鄙有二僧，其一贫，其一富。

贫者语于富者曰："吾欲之南海，何如？"富者曰：

"子何恃而往？"曰："吾一瓶一钵足矣。"富者曰："吾数年来欲买舟而下，犹未能也。子何恃而往！"

越明年，贫者自南海还，以告富者，富者有惭色。

这个故事讲述了四川的偏远之地有一个穷和尚和一个富和尚，两人都向往去普陀山朝圣。穷和尚仅凭一瓶一钵便即刻启程，次年完成了朝圣并返回；富和尚虽计划多年要雇船前往（"买舟而下"），却始终没能行动。两个和尚的鲜明对比，正好对"粗糙"做了精彩注解。

直接出门的穷和尚代表着"粗糙行动"的精髓——他清楚核心目标是抵达普陀山，而非筹备完美行程。旅途中必然会遇到补给不足、路线偏差等困难，但他选择在行动中解决问题，而非空等条件完备。这与我们提倡的"降低行动门槛"理念完全吻合。

反观富和尚，他的行动陷入了典型的完美主义陷阱。要先雇船再出发的心态，和我们锻炼前要买跑步机、办健身卡，何其相似！这种过度准备本质上是恐惧行动的精致伪装——用看似合理的筹备工作，掩盖内心对失败的逃避。

拖延会将思想与行动割裂开来，富和尚的困境是，他拥有资源，却困于"想"与"做"的割裂："想"去普陀山多年，但"做"始终停留在计划阶段。

结果也是不同的。穷和尚的结果："越明年，自南海还"——

通过粗糙行动达成目标。富和尚的结果："有惭色"——空想导致自我否定。

彭端淑对此的评论点破了本质："天下事有难易乎？为之，则难者亦易矣；不为，则易者亦难矣。"这正呼应了"粗糙"的核心主张：任务难度往往源于我们的逃避心态，而非任务本身。当我们像穷和尚那样，带着"一瓶一钵"的简约装备立即出发，行动本身就会成为缓解焦虑的良药。

当你再次陷入"等准备好再开始"的犹豫时，不妨问问自己：是要做带着一瓶一钵上路的实践者，还是做永远困在筹备中的空想家？

王阳明《传习录》有言曰："未有知而不行者，知而不行只是未知。"他认为，真正的"知"必然包含"行"的驱动力，如果一个人声称"知道"却未行动，说明其认知停留在表层，而非内化于心的"真知"。拖延者经常"明知该行动却不动"，恰恰是心学描述的"知而不行"，需要通过粗糙的心态先开始行动，再从行动中获取真知，即"事上磨炼"。

所以，我想再次强调：我们所倡导的"粗糙"并不是反对追求完美，而是反对那种空想的、无法付诸行动的"假完美"。如果没有粗糙的启动，完美只是镜花水月。

【对谈】 ————————————————————————

学员提问：接受粗糙，是否意味着降低自我要求？

作者回答：并不是。接受粗糙不是降低标准，而是放弃对"一次就做到完美"的苛求，让我们先动起来。很多优秀的作品都是先有了粗略版本，再不断优化得到的。

著名作家海明威曾经说过："一切文章的初稿都是臭狗屎。"（The first draft of anything is shit.）这句话虽然不太文雅，但也反映了许多成功者的共同体验。

"最差目标法"：
破除完美主义的行动密钥

在掌握了"粗糙"理念的精髓后，我们面临一个现实问题：如何在具体任务中实践这种理念？我有一个行之有效的方法，让你可以重新审视自己面对的各种任务，为它们设定更合理的完成标准，我称之为"最差目标法"。

"最差目标 = 完整 + 粗糙"，即将任务的目标重新定义为这两个关键标准。

完整：成果的必要元素应该完整无缺，具备核心功能。

粗糙：允许成果简陋甚至存在瑕疵，要求我们利用现有条件立即行动，而非等待理想环境，万事俱备。粗糙是对完成标准的宽容态度，同时也是对启动的加速要求。

"完整 + 粗糙"意味着构筑任务的最小闭环，建立可交付的最小单元。同时，把锦上添花甚至画蛇添足的工作主动排除在范围之外。

撰写商业计划书时，"完整＋粗糙"意味着呈现商业模式、市场分析、财务规划等核心模块，而不包括精美的排版设计。

开发软件时，"完整＋粗糙"意味着实现核心功能的可运行版本，而不包括交互细节的优化。

演讲时，"完整＋粗糙"意味着清晰表达核心观点。

这二者的结合形成了一种独特的行动理念：完整保证底线，粗糙摒弃冗余。先确保存在，再追求完美。先构建骨架，再填充血肉。

为什么要追求"最差目标"？

原因一：降低任务预期，破除启动阻力。

完美主义者经常因为恐惧失败而一直停留在起点。对任务的预期越高，这种恐惧也就越强烈。而设定一个相对粗糙的目标，其实就是在主动降低期望，为自己创造一个更加宽松的心理环境，从而减少因担心达不到完美标准而产生的焦虑。

比如，当任务是"写一本书"时，这个目标过于模糊和宏大，很容易引发畏难情绪。但如果把目标调整到最低可行标准，如先列出书籍大纲，或者完成一定数量的章节初稿，就相当于给心理松绑。就像建筑师在绘制草图时，不用一开始就去研究每一块砖瓦，而是先勾勒出整体结构轮廓，这样行动的阻力就会小一些。

原因二：削减冗余工作，避免额外负担。

拖延者经常把大量精力花费在细节上，不仅徒然增加工作量，还经常舍本逐末，反而挤占了核心任务的投入。坚持粗糙心态，在条件基本满足时就开始行动，可以节省过度准备的成本，确保"把好钢用在刀刃上"。

原因三：更快交付成果，获得真实反馈。

"最差目标法"指明了成果的最低交付标准，让我们能够更快地看到自己工作的成果，同时也能更快地获得反馈，这对拖延者来说至关重要。

人性决定，我们需要得到反馈才有动力持续前进，如果长时间仅仅工作但收不到任何反馈，容易让人感到迷茫、动力减退，甚至因看不到终点而放弃。

交付初步成果—收集反馈—完善成果，这本身就是一种更有价值的工作方式。通过"最差目标法"，我们能更早获得真实反馈，避免在自我臆想中无限修正。这样还能更早发现自己的认知盲区，很多问题必须在行动过程中发现。在行动过程中才能发现问题、解决问题。

至此，相信大家理解了，"最差目标法"并非降低质量，而是改变工作方法，把"一步到位交付出完美成果"转变为"拿出第一个可供反馈的原型"。这既是完成任务的起点，也是进一步优化的基础。

自从总结出"最差目标法"，我的所有工作都使用它来推进，发现它不仅能让我更快速地启动任务，还能节省大量时间。很多情况下，我只用原来设想时间的几分之一，就能拿出一个工作成果去验证和探讨。实际上，很多时候，粗糙但完整的成果已经能达到他人的期望，而且还能节省大量时间。在确定整体框架没问题后，再进行优化升级就容易多了。

在瞬息万变的现代社会中，"一次性完美"实际上已经无法做到。产品设计中的"最小可行性产品"策略、软件开发的敏捷迭代模式、制造业的快速原型法、教育领域的形成性评价体系，都印证了"先完成再完善"的价值。"最差目标法"的本质，是将传统终点式思维转化为过程式思维。

那么，如何为不同类型的工作设定最差目标？下一节我们详细解析。

【对谈】

学员提问：这个方法听起来有道理，但"最差"让人很抵触，能不能换一个柔和一点的名字？

作者回答：完美主义者会天然反感"差"字，这我很理解。但这个方法的命名，恰恰就是希望通过逆向思维，用"差"戳中完美主义者的痛点，从而降低对完美的敏感度，打破执念。

"最差目标法"提醒我们，用可接受的最低标准作为行动基准，可以大幅降低心理启动成本。

场景实战：为各类任务重建标准

在面对各种工作任务时，"最差目标法"提供了一种新的思考和行动模式。这种方法鼓励我们首先确定完成任务所需的最基本要求，然后在此基础上逐步完善。

为了帮大家更好地使用"最差目标法"，我们挑选了一些典型的任务场景，对比传统做法和"最差目标法"。让我们一起来看看这是否与你以往的做法有所不同。

场景一：汇报答辩

错误做法：许多人接到制作汇报材料的任务后，第一反应是寻找模板。花费几个小时浏览模板资源，对比不同风格，仿佛"找到合适的模板，工作就完成了一半"，接下来就是反复调整字体颜色和版式布局。结果临近汇报时才发现，空有形式，而讲述的逻辑框架都还没有成形，最终不得不加班赶工，前松后紧。

最差目标设定： 汇报的核心价值在于信息传达，而非视觉包装。我们可以先梳理出汇报的核心观点，确定几个主要内容模块以及它们之间的关系，形成大纲，这就完成了"最差目标"，然后尽快拿来征求意见，以便进一步完善。

在我的团队里，无论是做汇报还是课程开发，我都要求先完成大纲，用一句话概括每页 PPT 的主要内容，大纲通过了，才能够去做每一页的页面元素呈现。

场景二：锻炼健身

错误做法： 制订"每天跑步 10 公里""每周去 5 次健身房"等理想化目标，结果因工作加班、天气变化等情况而直接放弃。更常见的情况是花费大量时间研究运动装备，购买专业跑鞋、心率手环、健身衣裤，却始终没有迈出第一步。

最差目标设定： 健身的本质是让身体动起来。哪怕今天你只跑了 2 公里，或者仅仅爬了几层楼，这些都是值得肯定的进步。重要的是，通过这些小步骤逐步建立起持续运动的习惯，并在此基础上逐渐增加运动量。这样不仅能够帮助你克服拖延的心理障碍，还能让你在健身的道路上稳步前进。

轻度健身的价值可能超过你的想象：上海体育大学 2024 年的研究显示，久坐的上班族如果每 45 分钟做 10 个深蹲，对于血糖控制就有显著效果。

场景三：组织策划活动

错误做法： 过度关注视觉设计，把邀请函、茶歇点心等细节做到位，却将关键要素忽略了。我曾出席过一次活动，细节落实到了每个矿泉水瓶子都印着名字标签，但是因为策划方忘记走一个必要的报备流程，活动被现场叫停。

最差目标设定： 活动的成败取决于三要素，即必备条件、关键流程和核心人物。应优先落实这三个关键要素，其余可在主体框架确定后逐步完善。

场景四：客户沟通

错误做法： 预演焦虑心理，反复演练开场白，在联系对方前反复预设对话场景，如"如果被拒绝怎么办""如果报价太高会不会丢单"，甚至要等待一个完美的沟通时机。

最差目标设定： 沟通的核心是建立连接。只要你和对方建立了连接，交换了最基本的信息，这次沟通就算成功了。即使你的提议遭到了对方的拒绝，再次沟通的门槛也已经消除了，可以减少未来对接中的犹疑和拖延。

场景五：推出新产品、新业务

错误做法： 产品开发者常沉迷于理想化设计，如追求完美的用户界面、预设复杂的功能模块、构想完整的生态系统。某创业团队曾花费半年时间优化 APP 界面交互，却迟迟不愿发布测试版。等 APP 终于上线时，市场需求已发生变化，前期投入大量资源开发的功能沦为鸡肋。

最差目标设定： 新业务的核心是验证市场需求。可参照"最小可行产品"原则：确定产品最核心的功能，找到初步的种子用户进行测试，并且收集关键维度的反馈。当涉及一些开创性和创新性的任务时，比如创建自媒体账号、设计新产品或探索新的业务模式，"最差目标法"尤其有用。

当然，本书不可能穷尽大家会遇到的所有任务，如果你不确定如何设定最差目标时，可以使用倒推法，向自己提问："如果现在距离截止时间只剩 1 小时，哪些工作是必须完成的？"这个答案就成为你的最差目标。

你会发现，留下来的反而是价值最高的模块。所以"最差目标法"恰恰是保持了相同工作量下最高的交付水平，是更有效率的方法。我们也进一步理解了"最差目标法"恰恰优先产出核心价值。

　　学员提问：领导要求"一次到位"，不允许提交粗糙方案，怎么办？

　　作者回答：这种情况下，可以将"粗糙"转化为阶段性沟通。例如在方案初期，向领导说明："为保证方向正确，我先提供核心结论和三个关键论据，请您确认后，我再补充细节。"

　　高明的管理者更重视决策效率而非形式完美。如果对方坚持在细节上高标准，可以追问他的具体期待："您最关注这份方案的哪些部分？"从而表现出你的负责与可靠。

心法二：主动制造不完美

　　我对于"最差目标法"的领悟，也源于事事追求完美带来的惨痛教训。创业做硬件产品时，我曾经因为过度打磨细节而错过了市场先机。作为讲师授课时，我也反复陷入过"前期过度追求细节，最后仓促上阵"的泥潭。记得不止一次，早晨我就要开始讲课了，凌晨还在靠咖啡硬撑着，对课件做逻辑上的大幅度调整。每次心中都无比后悔，如果能把之前花在统一字体和对齐元素上的时间用来思考课程的整体内容架构，现在不就可以睡个好觉了吗？

　　当我在一次次碰壁中领悟出了"最差目标法"，并在实践中推进时，我不仅改变了拖延的心态，而且收获了很多积极的反馈。我的改变并非来自强迫自己，而是找到了更好的方法，发现这样做更轻松。

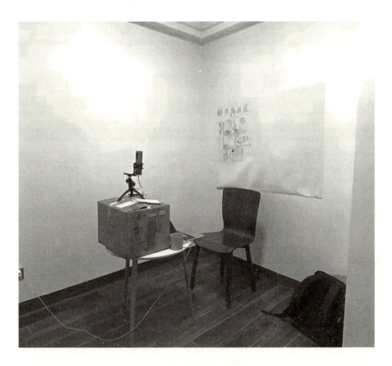

图3.2　抖音直播间照片

  我能在一个月内就把抖音账号做成功，也是受益于这种心态。请看图 3.2，这是 2022 年初我第一次做直播时，直播间的现场实拍，你看着有什么感觉？

  我相信，大家心中冒出来的都是"简单""简陋""寒酸"这样的词，确实，这种粗糙可能超过了很多人的想象，作为有 20 多年经验的资深摄影师，我完全可以用专业设备搭建一个影棚级直播间，但我却直接在这个空房间，在简陋的条件下直接开播推广课程，结果第二个月就收获了几千份的课程销售量，从此稳居赛道头部。

我也很感谢这个心态，如果我要求自己把准备工作做到完美再开始，很可能几个月过去，情况就发生了变化，甚至永远也起不了步。其实，跟我同时动了念头要做直播的人也不是少数，但几年过去了，他们仍然在努力地研究、学习。类似的情况太多了：想写一本书却纠结于"文笔不够惊艳"，结果迟迟不动笔；想提升时间管理能力，先去学习很复杂的软件，结果半途而废。都因为太追求完美，反而没有结果。

从现实中反馈，我把自己心态的转变总结为"主动制造不完美"这个心法：有条件完美时，要主动选择不完美；有资源精致时，要主动粗糙，甚至保留瑕疵。目标是按照"最差目标法"，尽快拿出第一次架构完整可供反馈的成果，交给实践验证。

这个思维也非常符合辩证法：很多时候你想得到完美，结果反而不完美。当你能接受不完美的时候，你会发现结果可能反而更好。

读者也可以试试这个心态——用随手找到的纸张做计划，在简陋的场地开始新尝试，用手机代替相机拍摄，用手绘草图沟通……推崇这些"不精致"的行为，还有一个深层原因，即对大脑进行认知重塑。

长期追求完美的人，大脑形成了条件反射——任何不完美的产物都会触发焦虑，而拖延则成了逃避焦虑的本能反应。主动制造不完美，就是在心理上注射"完美主义疫苗"，形成对完美的免疫力，避免对不完美的灾难化想象。让我们主动暴露于不完美的环境，从而逐步降低对不完美的敏感度。当你有意识地在可控范围内保留瑕疵，大脑会逐渐建立新的认知：不完美不是灾难，而是成长创新过程的自然产物。这种认知重构能有效削弱完美主义的控制力，将原本消耗在强迫行为中的能量转化为生产力。

完美主义者在最初尝试这个心法时可能会非常难受，每一处不完美，都像扎在心头的刺，让你非常不舒服。但当行动起来时，你会发现，这些瑕疵不仅没有摧毁成果，反而让你更快获得反馈，更有动力。交付成果的放松感，反馈带来的愉悦感、成就感，远远超过担心。

《道德经》有言曰："大成若缺，其用不弊。"老子在两千多年前就告诉我们，真正的"大成"不是外在的完美无缺，而是内在的生生不息。刻意追求表面的完美，会导致僵化、衰败，而包容缺陷、接纳不完美，反而能减少内耗。看似不圆满的状态，实则是生命力与适应力的源泉。那些敢于展示粗糙初稿的人，终将在实践中逼近理想；而那些等待完美开端的空想者，往往永远困在起点上。

学员提问：如何看待"先完成再完美"这个说法？我试着用它调整自己的心态，但为什么感觉用处不大？

作者回答：这句话当然是对的，但往往对拖延者起不到效果，因为拖延者已经在潜意识里把完成等同于完美，认为不完美就是没完成。因此，我选择了"完整＋粗糙"来改变这种观念。

第四章

学会减少选择
破解决策瘫痪

选择过载：为什么选项越多越拖延

生活由无数选择构成，面对选择的心态直接影响我们的行动能力。

数据显示，成年人日均需要做约 35 000 个选择，如果在全部选择上都追求"最优解"，就会经常为一些细小的选择陷入纠结。拖延者往往会患得患失，陷入"既要……又要……"的思维困局：买件衬衫，要兼顾性价比、款式和品牌调性；制订健身计划，既想快速塑形又怕运动损伤；甚至周末看场电影，也要反复比较评分、导演和观众口碑。不断权衡每个选项的利弊，在内心反复拉扯，经常消耗大量的精力。

表面上，这种纠结源于决策能力不足。但若深入观察，会发现拖延者的选择困难往往与一个特质紧密相关——情感丰富和内心善良。

他们普遍表现得念旧、不愿意抛弃、不舍得放弃。例如，家中堆满了旧衣物、旧鞋以及其他用不上的物品，但他们却舍不得丢弃。甚至对手机相册里的可能没用的照片，都舍不得删，经常等到存储空间快满了才被迫删除一些。

曾经有学员跟我说，她已经当了奶奶，连孙子都上小学了，但是儿子三十年前上小学时候的书本作业，还堆在床下舍不得扔。甚至还有学员为了不删照片，买了三台相同型号的手机。

对他们而言，一件穿旧的毛衣不仅是织物，更是青春记忆的载体；一家常去的餐馆不只是吃饭的场所，也承载着友情的见证。这种对事物强烈的情感投射，使得"舍弃"如同切断与过去的联系。

他们还会过度负责：买水果时会想"选酸的还是甜的？万一家人不爱吃怎么办"；拒绝同事的请求后彻夜难眠，反复问自己，"他会不会觉得我冷漠"。他们把每个选择都看作对他人的承诺，用自我消耗维系想象中的和谐。

这种心态可能源自孩童时期被反复强化的"珍惜教育"。父母常说"玩具要好好爱护""食物不能浪费"，却在无意中灌输了"舍弃等于错误"的观念。成年后，这种思维模式演变为对选择的过度慎重，习惯性将情感投射到每一个选项上：扔掉闲置多年的旧衣服会觉得"辜负了当初精挑细选的心意"；拒绝同事的临时请求会担心"让对方失望"；甚至删除手机里的过期照片时，都会对那些定格的笑脸感到不舍。

他们很希望自己能做事果断，像身边有些人一样，小事干净利落，大事也能杀伐决断，就连分手都一刀两断、不留余地。但每到自己做选择的时候，内心的柔软又泛上来，让他们陷入不断纠结的境地。

善良当然是一种宝贵的品质，然而，如果善良已经转化为内心沉重的负担，让你经常把轻松和愉快留给别人，而将纠结和负担留给自己，是不是应该有所改变？

如何既善良又轻松？在下一小节，我将为大家介绍一个简单的小动作，先从学会适度抛弃和放弃开始。

【对谈】

学员提问：我经常为要不要休息而纠结，休息有负罪感，不休息又疲劳，怎么办？

作者回答：这也是典型的优柔寡断，我的看法是，如果真的疲劳了，就不要想太多，应该马上去休息。最怕的情况就是在纠结中把时间白白消耗过去，结果既没有彻底休息，又因为疲劳没有高效率完成工作，进而陷入自我否定。

如果担心休息过头，可以给休息设定一个时限。

心法三：敢于放弃

本节希望大家从一个小动作开始改变——扔东西。

做法很简单，先用10分钟收拾一下家里或者办公环境，然后用5分钟扔掉一些可有可无的东西。这次和前文"愈合拖延的伤口"的方法有所不同，并不是要清理那些显而易见的垃圾，而是要扔掉一些曾经认为有用的、可有可无的东西。

比如很久不穿的衣服、鞋子，不再需要的纪念品，冰箱里放了很久的食品，闲置的运动器材，多余的数据线……这些曾经被你认为有用，有过摇摆，甚至你需要主动寻找用处，目的就是不想扔掉的东西。

在做扔东西这个动作时，请秉持以下三个心态。

心态一：不要收纳，要放弃。

这个动作不是要进行家务整理，更不是要分类收纳，而是要学会抛弃、放弃，这样的放弃行为与解决拖延有直接关系。

拖延者常陷入收纳陷阱：为闲置物品购买收纳盒、为旧衣服添置储物箱，结果柜子越塞越满，心理负担越来越重。这种行为其实是用"整理"的假动作逃避"舍弃"的真决定。请记住：收纳解决的是空间问题，放弃解决的才是心理问题。与其纠结"怎么收纳更整齐"，不如直接问问自己："没有这件东西真的会影响生活吗？"

心态二：不逃避选择，学会迅速决定。

面对一件两年未穿的旧外套，许多人会习惯性地想"先放着，改天再想想怎么处理"。这种拖延决策的模式，与工作中"等准备好再开始"的逃避如出一辙。当面对是否要丢弃某件物品的选择时，不要给自己"以后再决定"的退让，而要迅速思考，马上判断。更简单地说，如果觉得"可扔可不扔"，那就直接扔掉。

心态三：不过度考虑未来，以当下为准。

"万一以后用得上"是拖延者最常用的借口，但这个"万一"往往永远不会到来。因此，学会以现在为准绳，决定物品的去留，不要为虚构的未来囤积。这种聚焦在当下的心态，正符合现在非常流行的"正念"的思维方式。

如果读到这里你已经可以去扔东西了，那现在就去做，做完请在页边写下感受。

如果仍然无法下定决心，甚至困惑为何要去做这件事，那可以继续把下面这段读完。

这个做法是通过物理空间的整理，让我们学会放弃。从"害怕错过"到"主动舍弃"。

敢于放弃过多的选择

学会放弃，才能清理掉负资产。

你是否发现，那些总也舍不得扔的东西，正在悄悄拖慢你的人生节奏？

我们总以为留着总比扔了好，却忽略了这些可有可无的物品早已成为心理"负资产"。它们不仅占据着物理空间，更在潜意识里制造着想处理又拖延的矛盾循环。当你为找不到东西而烦躁时，当你面对满柜衣物却总穿那几件时，这些负资产正在消耗你的心理能量。

这就像手机后台偷偷运行的垃圾程序，表面风平浪静，实则不断蚕食系统资源。我们的大脑何尝不是如此？那些纠结的选择、未完成的事项，都在暗处形成思维冗余，让你明明什么都没做，却总感觉疲惫不堪。

主动清理这些负资产，正是打破拖延的关键。曾经有位学员黄女士，在课后一下子扔了 40 双鞋。她急迫分享自己的感受："老师我震惊了！扔的时候才发现，这 40 双鞋其实已经十年都没穿了，但是三次搬家都带着，真是你说的负资产。扔完觉得特别清爽，觉得自己的拖延症有救了。"

处理负资产的本质，是学会用减法思维重塑生活。当你开始行动时会发现：那些被清理的不仅是物品，更是思维中的冗余选项。这种轻装上阵的状态，能让你更快聚焦真正重要的事，在清爽的空间里找回行动的主动权。

通过物理空间的清理，重塑我们与选择的关系。

当我们建议拖延者从扔掉旧物开始时，常会听到质疑："扔掉几件衣服，和改掉拖延症有什么关系？"其实，人类的心理认知往往需要借助具体行为建立支点。扔东西正是给学会放弃做支点。

改变拖延思维也需要从看得见、摸得着的行动切入。扔掉虽然完好但是已经用不上的数据线，比空谈学会放弃更易被感知。当人们亲手处理实体物品时，大脑会将分离动作与解脱感建立神经联结。斩断物质羁绊，真的能带来心理决断力。

扔东西是一个具体的、可见的动作，容易理解和操作。首先，通过实际的行动，比如清理旧衣物或杂物，你可以直观地感受到放弃的过程，进而理解心理上的放弃。其次，物质上的囤积往往反映了心理上的执着，不愿意扔掉旧东西可能是因为情感上的依恋或害怕失去，这种心态与拖延者在面对选择时的犹豫不决有相似之处。

内在联系方面，物质上的舍弃训练可以帮助你逐渐适应心理上的放弃。通过处理旧物，读者学会了识别哪些东西是真正重要的，哪些是可以放手的，这种能力可以迁移到决策过程中。例如，当面对多个选择时，能够快速判断并放弃不必要的选项，减少决策负担，从而避免拖延。

在扔东西这类低阶决策中积累的成功经验（如扔掉旧杂志后生活更清爽），会增强对放弃行为的耐受性。通过这种方法，你可以为自己建立一种全新的心理机制，即通过具体的行动影响抽象的思维。扔东西作为行为训练，可以强化"放弃不可惜"的认知，减少你对完美选择的追求，进而提高决策效率，减少拖延行为。

通过改变行为（扔东西），影响认知（放弃不可怕），从而调整心态（敢于放弃）。在这个过程中，大脑会逐渐适应"失去"的感觉。就像孩子学走路时磕碰越多越不怕摔，当我们在低风险场景中反复练习放弃（比如处理过期食品、删除模糊照片），才能在面对重大抉择时快速做出决断。

"放弃不是失去，而是为真正重要的事腾出空间。"后面我还会教大家继续放弃不必要的物品和选择，为自己腾出更多的物理空间和心灵空间。

学员提问：我的母亲 70 岁了，她习惯把有一点点用的东西都收起来，连一个塑料袋都不舍得扔，但是她做事非常干脆，一点都不拖延，这和你说的"不扔东西＝拖延"是否矛盾？

作者回答：并不矛盾，因为成长环境不同。"50后""60后"们，在人生的成长阶段生活在物资匮乏的环境中，早已习惯于保留一切可能有用的东西，这是时代的烙印。而从更年轻的一代人开始，已经生活在物质较为丰富的时代，更需要培养敢于放弃的心态。

隐蔽的怪圈：增加选择

"最佳处理方案"背后的心理陷阱

上一节，我们探讨了通过扔东西这个小动作来学会抛弃，减轻心理负担，打破拖延习惯的方法。一旦真正尝试过这个方法，你就会发现它能带来显著的改变，这在我的学员中，是反复验证有效的方法。

为什么简单的动作要专门作为一个方法来讲？因为在缺少外部引导的情况下，许多人平常根本做不到。是什么阻碍了这一点？我们来复盘一下其中的心态。

发现一些旧衣服可有可无，许多人的第一反应不是扔掉，而是找归宿，找最佳处理方案。比如，能不能送给有需要的朋友？能不能捐出去？能不能挂在二手网站上卖出去？

这是拖延者非常常见的思维，不排除有的读者也会这么想。

我把这种心态称为"增加选择"，背后是内心过于善良念旧，哪怕是对待这些可有可无的东西，都希望给它们找个最好的处理方式。

但增加选择的结果是什么？纠结。纠结半天怎么处理最好，没有选择直接扔掉，而是决定"送给朋友"，以为自己做了个更妥当的选择，但结果如何？马上又迎来第二轮纠结："送给谁最好呢？"这又是一件需要做出选择的事情。把身边的朋友一个一个想来想去，对着通讯录为难半天，一个个权衡，好不容易决定"这次先送给小李"，又开始纠结："怎么送？今天跟小李说，还是明天再说？发消息，还是打电话？是我拿给他，还是让他来拿？"

就这样，越想越多，没完没了，甚至还会产生思想负担："我把这些二手的东西送给人家，小李会不会误会？我该怎么解释？"一直这样纠结下去。

相信不少人都有过类似的经历。原本5分钟就能解决的事情，我们却因为不停地选择、纠结，好几天都处理不完。拖延不仅没有带来放松，反而让我们更加纠结了。每次看到那些没扔掉的东西，心里就会被提醒：自己是个拖延者，连这么一点小事都办不好。

上面的心态，就是典型的增加选择，这种心态往往是和善良、不舍得抛弃、放弃相伴随的。一旦你陷入增加选择的思维模式，选择就会不断扩展，无穷无尽，最终把你的心理能量消耗殆尽。

增加选择的结果

结果一：选择本身产生了额外成本。

许多人忽视了选择本身的成本。曾有个学员说，她想买一罐几十块钱的沐浴盐，已经纠结了两周还没决定。其实，这两周中花的思考时间远远超过了沐浴盐自身的价值。

结果二：导致决策疲劳。

大脑的决策能力是有限的。每一次选择——无论是挑选早餐，还是制订职业规划——都会消耗认知能量。神经科学实验表明，连续决策会导致前额叶皮质活跃度下降，表现为注意力涣散、判断力减弱。这种现象被称为"决策疲劳"。

最后导致"小选择纠结，大选择摆烂"。有限的决策能力被浪费在低价值的选择上。追求局部最优，导致了整体变差。

结果三：导致放弃行动。

面对过多选择时，大脑倾向于推迟决策以节省能量，导致我们放弃行动。心理学家施瓦茨在《选择的悖论》中展示了一个实验的结果：当可选的果酱数量从 6 种增加到 24 种时，消费者的购买率反而从 30% 暴跌至 3%。这个实验戳破了"选择越多越好"的幻觉——过量的选项不仅无法提升决策质量，还会显著提高放弃行动的概率。

结果四：选择会自我扩大。

哪怕是很小的选择，如果不尽快得出结论，也可能会引发更多的选择，出现连锁反应。

这种选择的自我扩大，早在2000多年前就被先贤精准预言。《韩非子》一书中记录了"纣为象箸"的例子：商纣王命人把筷子换成象牙的，贤臣箕子立刻意识到危机的开端。一双华贵的象牙筷子，必然需要与之相配的犀角玉杯；有了玉杯，怎能继续盛装粗茶淡饭？接着就需要搜罗山珍海味，继而需要扩建高台广室……最终，这个看似微小的选择，像倒下的第一块多米诺骨牌，引发整个王朝的系统性崩溃。

今天的我们何尝不是"现代版纣王"？办了健身卡后，总觉得需要先研究跑鞋参数，对比运动耳机，收藏健身食谱；下载了时间管理软件，却耗费三天对比界面设计、同步功能、数据安全性。每个选择都在创造新的"配套需求"，直到行动能量被彻底耗尽。

增加选择的代价

增加选择的代价是导致拖延。

不仅是扔东西这件事，增加选择这一心态还表现在：许多人在遇到选择时，总希望能选到最完美的那个；面对事情，总想等到最好的条件才去做；想要改变自己，也会等着最合适的时间再去学习；遇到问题，总希望找到最完美的解决方案；遇到机会，总想等待最好的时机；想要改变自己，也得找到最好的状态再去调整。

可事实并非如此，这只是给自己制造了更多的选择，事情却毫无进展。拖延者尤其容易被选择的重担压垮。

增加选择的代价我们看到了。我们需要反其道而行之，学会"主动减少选择"，这不仅是一种实用的策略，更是一种人生智慧。

【对谈】

学员提问：你说的扔东西时增加选择的心态，完全就是我，可是早就思维固化了，真的能改变吗？

作者回答：思维不是固化的，而是可以被行为改变的。过去的"增加选择"思维来自一次一次纠结行为的浇筑，我们完全可以通过不断舍弃来打破这个枷锁。

选择扔东西这个动作来解析，目的就是让大家体会到我们的心态和行为之间的关系。改变的关键不是空想"我要果断"，而是从一个个小动作开始，让大脑适应新的行为模式。

主动减少选择

如何打破思维惯性，主动减少选择？我们可以从以下三点来着手。

小选择不追求最优解

我们面对的绝大多数选择对生活的影响都微乎其微，不必花费心思在这些小选择上追求 100 分，达到 80 分就足够了。这样可以避免过度追求"最优解"而陷入无休止的权衡。

有句玩笑话："真正的学霸桌上只有两支笔。"这句话其实也揭示了一个事实：文具多的学生往往面临着更多的选择，会在各种细节上反复纠结，比如，在笔记上用红笔还是蓝笔、画直线还是波浪线。相比之下，成绩优异的学生很少会纠结于琐碎的选择，他们更擅长集中注意力在更重要的事情上。

限制选择的范围

通过主动限制选项的数量，主动限制选择的灵活性，从而降低决策的复杂程度。如购物时只对比前 5 个商品，而非一直向下滚动页面。

对于一些日常消费和生活习惯，可以通过固定选择来减少决策的次数。例如，衣服的搭配。固定每天穿的衣服颜色，固定的早餐选择，等等。

这种智慧在许多成功人士身上得到了体现，苹果公司的创始人史蒂夫·乔布斯就是一个典型的例子。他十几年间在发布会上出镜，穿的都是同样的黑色羊毛衫搭配牛仔裤，这当然不是因为他没有条件或者穿着品位，而是主动减少选择，从而将精力集中在更重要的事情上，更加专注于"改变世界"的宏大目标。扎克伯格常年穿灰色 T 恤，不是出于审美偏好，而是为了节省选择服装的精力。

我自己也遵循这个原则，我的衣物、生活用品、电子设备、电器都只会在几个固定的品牌中做选择，平时即使做直播出镜非常频繁，也只给自己准备两三件衣服，每次随机选择一件。限制自己的选择并没有影响我的生活质量，反而让我感觉到注意力非常集中。

限期做出决策

如果实在犹豫不决，就给自己一个时间限制，要求必须在此时间内做出决定。比如，在 5 分钟内必须选定餐厅，周三晚上前必须敲定周末的安排。为选择设置截止时间，让选择及时闭合，避免"再想想"演变为长期拖延。

行为科学实验发现，当人们被限制选择范围时，反而更容易启动行动——因为选项减少降低了决策压力。即使做出的不是最优选择，其行动价值也远高于停滞不前——"选什么都比不选强"。

主动减少选择的意义，除了降低成本，更重要的是可以帮我们释放认知资源，聚焦核心问题，让我们把有限的决策能力，用在真正关键的选择上。

所以，减少选择并不是对复杂世界的逃避，而是对生活重心的聚焦。舍弃不是损失，而是对注意力的再投资。

学会减少选择后，我们会感觉思维清爽了很多。但仍然会面临一个问题——有些重要的决策，即使在精简选项后，仍然会面对一些剩余选项，如何验证这些关键选择？这正是下一节的核心内容。

学员提问：减少选择，如果选错了会不会遗憾？

作者回答：哪怕真的某一次"选错了"也完全没关系，因为整体优于局部，整体心态的改变远远超过具体选择的得失。"减少选择"的心态并不是帮你每次都选到最优解，而是追求在整体上获得最佳局面，这和前面"主动制造不完美"在本质上相通，都是辩证思维的体现。

投石问路，用反馈替代空想

面对不确定性的心态

人生最深的恐惧往往源于未知。面对充满不确定性的选择时，我们总想穷尽所有可能性，反复分析每个选项的利弊，试图在行动前找到完美答案。这种对确定性的执着，反而让许多人陷入纠结——既不敢贸然前进，又不甘心彻底放弃，最终虚度光阴。

拖延者常犯的错误，是误以为存在一个万全之策，把一切想清楚了再去做。但真相是：问题往往在行动中才能暴露，答案也需在实践中验证。与其在起点等待完美方案，不如先迈出粗糙的第一步。你会发现，答案往往藏在行动的过程中，而非空想的蓝图里。

以我自己为例，大家可以代入我的心态，回顾一下我做过的关键决定。

我如何投石问路

回到 2022 年初，当我准备在抖音平台尝试做知识类直播时，马上面临一个选择——讲什么主题。我在项目管理、沟通、个人成长甚至摄影等课程上都有长期的积累，应该选择哪一门课程？经过初步分析，我认为"解决拖延症"这个话题更是人群痛点，在线下也验证过，但抖音的用户是否愿意接受这类严肃主题？在一个以娱乐为主的短视频平台上，有没有人会愿意花时间来解决自己的问题，听个人成长的主题？我也完全没有把握。

如果换成许多人，可能会花费几个月筹备：研究设备参数、设计完美场景、反复演练话术，要求自己第一场直播就得完美……但我没有踏入这条不归路，我决定用尽可能简单的方式先开一场直播，听取观众的真实反馈，这就是投石问路的策略。

"石"，就是一个完整而尽可能粗糙的成果，在这里是一场简单的直播。

"问路"，就是进行验证，收集用户的真实反馈。

所以投石问路，就是用尽可能粗糙的成果先去做一次验证。大家在前文中看到了现场实拍图，我找了个空房间，直接在纸箱子上架起手机，就开始了第一次直播。

这次投石问路结果如何？只从表面数据来看，可以说非常惨淡——最高在线只有 5 个人，直播画面也不够清晰，甚至因为不懂得直播间的设置镜像功能，连背景中的文字都是反的。播了两个小时，加起来不到一百人来听。

但这场粗糙的尝试却带来了关键反馈。偶然进入直播间的观众们留言："原来拖延症还能被解决？""原来拖延不是懒？"甚至有人私信倾诉："陈老师，我因拖延已产生了焦虑症，为什么现在才刷到您？"

这些反馈让我确认了两件重要的事情：第一，解决拖延症的内容需求真实存在；第二，观众需要更加系统的解决方案。这些真实反馈，比任何空想、调研都更有价值。

如果问路失败了会如何？

读者恐怕会问，如此大胆的尝试，如果第一次直播彻底失败，是否意味着努力白费？是否会受到挫折、打击？

我当然想到过这种可能性。假设第一次直播验证的结果是负面的，是大家不需要此类内容，这个看似失败的结果同样具有价值，它给了我一个答案："此路不通。"这意味着我不必继续在这条死路上浪费时间和精力。比起空想，它让我能够及时止损，寻找新的方向，这个反馈也非常有价值。

而且，因为投出的是粗糙的"石头"，我得到这个结论的验证成本非常小，完全可以用小规模的投入多次验证，直到探索出正确的答案。

投石问路的心态会让你更理性地看待挫折甚至失败。将过程中的所有问题都视为改进信号和迭代机会，而非自我否定的理由。把挫折当作下一次发展的养分，而不是世界末日。

投钻石问路的误区

可是，许多人做事的方式与投石问路完全相反，他们执着于"憋大招"，拒绝用粗糙的成果来验证，而幻想着憋出一个完美的成果，再拿来一鸣惊人。我把这种心态叫作"投钻石问路"。

可是打磨"钻石"的过程是很痛苦的，这个过程中没有任何的反馈，经常不知道自己做的这事有没有价值，道路有没有选对，于是产生内耗，开始怀疑、否定自己，甚至半途而废，最后感到非常挫败。

这种心态的代价极高。一位学员的经历很典型：他看好了某一个空白的赛道，为制作"完美"短视频，购置了专业的相机镜头，学习了剪辑和调色课程，甚至报名播音主持培训班。当半年后，他终于发布第一条精致的视频时，同类账号早已占据他看好的赛道头部位置。当你还在打磨"钻石"时，别人已用粗糙的"石头"探明前路，这正是很多人的悲哀。

"投钻石问路"的本质，是幻想通过充分准备消除所有风险，同时，反感用粗糙行动进行验证。但现实是：问题往往在行动中才能暴露，答案也需在实践中验证。当人们执着于"万事俱备再行动"时，甚至可能是在用准备过程逃避真实挑战。

投石问路的精髓，在于通过持续反馈来应对不确定性。现实中的模糊和变化会让我们患得患失，产生焦虑，这是人之常情。我们无法消除这些不确定性，也不能强行让焦虑消失，只能通过低成本试错持续收集反馈，让实践告诉我们答案。

这种方法不仅能降低模糊决策时的心理压力，避免因"条件不成熟"而自我设限，更能让我们建立起持续进化的心态，将每一次试错都转化为认知升级的阶梯。

【对谈】

学员提问：如何看待"三思而后行"的名言，和你的说法是否矛盾？

作者回答：我们常常以"三思而后行"为借口，让自己的犹豫、纠结显得合理化，但结果往往是想得多做得少，甚至"三思而不行"。很多事情在启动前根本无法想清楚所有可能，敢于投石问路，通过行动获得新的信息和反馈，这些反过来会帮助你更好地思考和决策。答案不在空想的起点，而在行动的路上。

拆掉心中的"烂尾楼"

当理解了减少选择的意义和投石问路的前进方法，我们可以进一步清理、释放自己的心理空间。

请各位读者思考一下，你有没有这样的情况。

投入精力但没有成果的任务，如反复修改但未完成的方案、学了一半停滞的课程、做到一半的创业计划。

尚未解决的问题，如拖延的体检、未修复的漏水问题、人际矛盾。

迟迟不开始的计划，如收藏很久未读的书籍、买了很久未学的课程。

悬而未决的状态，如纠结是否换工作、考研、考公，以及在婚姻或感情问题上如何处理。

以上这些事项的共同特点是，在心理上，我们已经启动了这个任务，投入了精力，但并没有结果。我们把它称为心中的"烂尾楼"，就像未完工便被废弃的工程一样，它们既不产生价值，又占据了我们的内心空间。

在实践中我发现，"烂尾楼"普遍存在，而且覆盖学习、健康、家庭、工作、兴趣等多领域，几乎涉及生活的方方面面。"烂尾楼"具有长期性，多数事件拖延时间长达几个月甚至几年。

从现在开始，我们就尝试拆掉"烂尾楼"。为什么要这么做？因为它们有着隐性代价。

"烂尾楼"的代价

第一，占据心理空间，引发慢性焦虑。

这些事项虽然看似暂时被搁置，但实际上仍然持续占据着宝贵的心理资源。未完成的事项会在大脑中形成"后台程序"，即使我们暂时忽略它们，潜意识里仍会持续监控这些任务，占据着我们的认知空间，削弱了我们处理其他重要任务的能力。

心理学中的"蔡格尼克记忆效应"指出，人们对未完成的任务印象更为深刻，这种持续的隐性压力会让人陷入"什么都没做，却总觉得累"的状态。这种持续的认知负荷正是焦虑的根源。

第二，削弱自信，引发自我怀疑。

"烂尾楼"是没有成果的。每多一项"烂尾楼"，就会多一次"我又没做到"的自我否定。长期积累会形成"我不靠谱""我缺乏行动力"的负面自我认知。

有位程序员学员的经历非常具有代表性：他五年前开始开发个人记账工具，投入了很多精力，但这个项目一直没有走完上线发布的流程，成了心中的"烂尾楼"。每当看到其他独立开发者的成功案例，这个未完成的项目就会触发焦虑情绪，导致他否定自己，错失了很多机会。

第三，形成恶性循环，加剧拖延行为。

未处理的事项越多，心理能量越低；能量越低，越难启动新任务。当内心被"烂尾楼"塞满时，人会本能地选择"躺平"，或通过刷手机、暴饮暴食等行为暂时逃避压力，进一步加剧拖延。

如何拆除"烂尾楼"

因此，拆除这些"烂尾楼"不仅是给未完成的任务一个交代，对于释放心理空间、恢复精力、维护心理健康也非常重要。

那么，如何拆掉心中的"烂尾楼"呢？以下四个步骤，能帮助你完成从清理到重建的过程。

第一步，全面清点。

请找一个不受打扰的时间段，以纸和笔为工具，列出清单（不建议使用电子设备）。可以尝试在 10 分钟内尽可能多地列出你拖延已久的未完成事项。这些事项可能涵盖工作、学习、家庭、健康、人际关系等各个方面，把模糊的压力变成具体的清单。

这个过程可能会引发遗憾、烦躁甚至羞愧等情绪，这是正常反应。很多读者会列出十几项甚至几十项，这也很正常，不必评判自己"怎么有这么多问题"，而是告诉自己："看见它们，就是改变的开始。"

第二步，列出"放弃清单"。

从上述列出的事项中，选择三件事情，明确告诉自己可以不做了，主动放弃，不再投入精力，即"放弃清单"。这些事项可能包括过期事项、跟风事项、空想目标、无关紧要的琐事等等。

如果你发现无法放弃任何事项，或仅能放弃一两件，这可能说明你对各种事项的轻重缓急缺少分类，可以寻求朋友、家人或专业人士的帮助，也可以向 AI 提问，帮助你判断哪些事项实际上可以放下。

这个过程需要在内心克服"沉没成本谬误"：承认前期投入已不可收回，及时止损才是理性选择。

第三步，聚焦"必做清单"。

对于筛选后的事项，选择 1~3 项最需要优先处理的事情。使用"最差目标法"，为每件事项设定一个具体的开始日期和粗糙的目标，确保你能够逐步完成这些任务。

第四步，做出承诺。

对于"放弃清单"，写下一份自我承诺书，声明从今天起为它们画上句号，彻底放下，不再让这些事项干扰你的思考。

对于"必做清单"，写下具体的行动承诺，设定明确的行动计划和时间表，以增强你的执行力。通过明确的承诺，你可以更有信心地拆除这些内心的"烂尾楼"。

通过这四个步骤，你可以逐步拆除内心的"烂尾楼"，释放被占用的心理资源，从而更有效地管理和完成那些真正重要的事情。当最后一座内心的"烂尾楼"轰然倒塌时，人们往往会发现一片意想不到的风景：那些曾经被未完成事项占据的心理空间，此刻正涌动着创造的能量。

本章中，我们不断深入，对从"扔东西"的物理空间，到"烂尾楼"的心灵空间，进行了大扫除。同时，这也能帮助我们学会在精神层面与过去切割，敢于放弃有害的关系。

当你能将陪伴 10 年的旧沙发送出家门，当你能够告诉自己不再为学习计划困扰，你本质上是在练习一种重要能力：承认某些事物已完成历史使命，坦然接受关系的终结。这种能力将辐射到人生的各个领域：在职场中，你会懂得及时叫停投入产出比失衡的项目，而不是因为"已经付出这么多"继续填坑；在关系中，你能分辨哪些人是共同成长的伙伴，哪些只是互相消耗的"情绪收纳箱"；在自我发展上，你终于敢放弃学了五年的鸡肋技能，转而去探索真正心动的领域。

【对谈】 ————————————————————

学员提问：拖延多年的任务（如换工作）让我恐惧，如何重启？

作者回答：对待这种长期拖延、压力特别大的"烂尾楼"任务，最有效的办法就是把它拆成几个简单的小步骤。比如将换工作拆解为：更新简历—投递3家公司—参加1场面试。每完成一步，都能给你信心。这些微小的胜利会减少你的焦虑，让你慢慢重新掌控节奏，最终顺利完成整个任务。

第五章

打破"虚幻的满足"

可怕的舒适圈："虚幻的满足"

拖延之所以成为顽症，除了前面分析过的心态误区，还有一种常见的情况，就是当事人并没有意识到自己在拖延，陷入了一种自己也无法理解的怪圈。

让我们通过一个案例来认清这种怪圈，这是一位朋友陆先生讲述给我的真实经历：他本来在互联网大厂担任产品总监，由于业务线整体裁撤，他突然面临了人到中年需要重新求职的困境。在朋友的努力推荐下，陆先生获得了一次由领导直接面试的机会，现在只需要他提供一份有针对性的简历。陆先生觉得一整天时间绰绰有余，于是承诺在第二天晚饭前把简历发给对方。

第二天，陆先生早早起床，带着笔记本电脑来到了安静的咖啡厅。虽然他确实很需要这份工作，但被裁撤的窘迫和重新求职的焦虑交织在心中，让他觉得打开文档都需要努力动员自己。

这时，他的电脑突然黑屏自动重启了。陆先生后来回忆说，在重启的几分钟内，他觉得自己特别放松，因为这时有充分的客观理由不用面对写简历的任务。同时，他的脑海中萌发了一个新的想法——"我的电脑太旧了，写简历不顺手，以后也影响工作"，因此他决定，先给自己下单一台新电脑，再抓紧时间把简历写完。

于是，他拿起手机开始搜索合适的电脑。本来以为能轻松搞定，却被各种型号的硬件配置弄得眼花缭乱，为了让电脑的选择不留遗憾，他陷入了不断搜索和权衡中。好不容易初步选定型号，又发现一款新的显卡刚刚发布，要不要增加预算配置新的显卡？他犹豫不决，开始搜索显卡的性能指标、看评测文章，越研究越投入……

时间在不知不觉中流逝，当他终于选定一台配置满意的电脑时，人事经理的催促电话也打进来了，他才惊觉，天色已晚，而自己承诺要给出的简历其实一个字还没敲出来。语无伦次地应付完电话后，他陷入了巨大的自责之中："我好歹也是个带过上百人的管理者，怎么能拖延到一整天连一份简历都写不出来？！"

相信很多读者也陷入过类似的困境。为什么如此重要的任务会被耽搁？为什么努力了却没有任何结果？因为在面对困难任务的过程中，我们会不自觉地产生逃避心理，在一步步退让中，进入一种可怕的舒适圈，我称之为"虚幻的满足"，它有四个鲜明的特征。

特征一：核心任务被替换。

拖延者经常通过看似合理的逻辑链条，将当前工作从核心任务替换为更容易的周边任务，如陆先生撰写简历的任务最终被替换成了研究电脑配置。这种任务偷换非常常见：健身被替换成研究运动装备，做方案被替换成收集模板……周边任务未必是完成核心任务的必要前提，但因为难度低、反馈快而成为替换对象。

特征二：获得即时的满足感。

在任务偷换中，拖延者用可控的微小决策替代了不可控的巨大焦虑，能获得即时的放松与舒适感。浏览模板时的新鲜感，点击下单时的爽快感，整理电脑文件夹时的秩序感，都会让人产生"任务正在推进"的错觉。大脑甚至在误导下开始释放多巴胺，形成即时激励。此时，虽然真正的核心任务早就被抛在脑后，但舒适圈已经形成了。

特征三：自我麻痹，维持舒适圈。

这个舒适圈很容易让人越陷越深，每次拖延者稍有警醒，都会主动麻痹自己，再次收缩回圈子里。"买设备是为提高效率""整理资料是必要铺垫"——这些借口既能缓解负罪感，又给持续拖延的行为赋予了合理性。即使眼前的周边任务完成，拖延者也不会回归核心任务，而是积极寻找新的周边任务，触发又一轮的任务偷换，从而让自己能够继续沉浸在满足中。这种自我麻痹最后都进入了潜意识——当拖延者用三个月调试直播设备却从未开播时，他们往往真诚地相信自己正在"认真筹备""精益求精"，意识不到这只是逃避带来的短暂满足。

特征四：泡沫破灭与反噬。

可惜，这种满足终究是虚幻的，不可能永远持续下去。一旦泡沫被戳破，拖延者会因为核心任务没有进展而陷入极度的懊丧和焦虑之中，甚至自我攻击。在舒适圈里越愉悦，泡沫被戳破后的自责就越强烈。

总结一下，"虚幻的满足"是习惯性逃避的典型状态，是大脑为回避高难度挑战而构造出的舒适圈。一位学员曾坦承："我甚至享受这种状态——既不用面对失败的风险，又能安慰自己说'我在努力'。"这种"假装在努力"的状态比"无所事事的拖延"可能更危险：当事人长期处于自我麻痹中，直到某天被积压的核心任务直接击垮。如果你意识到自己也曾沉溺于"虚幻的满足"，不妨先祝贺自己，因为自我认知又提升了一步，这是改变的前提。在下一节中，我们将深入逃避背后的机制，探讨切实有效的方法，帮助你逐步摆脱这个可怕的舒适圈。

学员提问:"虚幻的满足"有没有积极意义?比如酝酿创意。

作者回答:拖延行为的"积极意义"经常是自我合理化的结果。真正的创意需要主动探索,而非被动等待。如果确实因为酝酿、休息而需要暂停行动,可以设定明确的时间边界,跟自己约定重启工作的时间,避免无限制地"酝酿"下去。

斩断逃避链条，避免任务偷换

　　"虚幻的满足"有着很大的破坏力，又很容易被忽视，因为逃避行为掩盖在看似合理的逻辑之下，环环相扣，形成链条，最终偷换任务。

　　下面我们以学习为例，分析逃避链条的传导过程。

　　第一步，核心任务触发焦虑。

　　你意识到需要学习一门技能来应对职场挑战，但刚开始触及新知识，难免感到枯燥和困难，内心的抗拒油然而生。一边想说服自己去学习，一边在脑子里想象学习失败的后果，焦虑感逐渐放大。

　　第二步，主动寻找周边任务。

　　面对焦虑，如果直接用休息甚至娱乐来逃避，那无法自我合理化，会产生负罪感。这时，最适合用来逃避的是做那些与核心任务有联系，但更容易执行的任务。于是，你开始主动为学习寻找周边任务，比如购买书籍、搜索教学视频、做笔记和绘制思维导图。用它们来替代核心任务，可以获得掌控感、缓解焦虑情绪，理由则是很容易找到的——"磨刀不误砍柴工""工欲善其事，必先利其器"。

第三步，任务无限扩展。

任务的替换一旦出现，就经常一发不可收拾，向着难度更低的方向，继续扩展出新的任务：为了买书开始浏览书评，为了画思维导图开始学习专用软件，为了把笔记做漂亮开始研究文具甚至开始练字……当你习惯了"挑软柿子捏"，就会主动制造"更软的柿子"。

最终，任务被彻底偷换。

上面每一步的思路似乎都顺理成章，但不断量变就产生了质变，任务被彻底偷换。最后事情往往发展成了图 5.1 的样子：你本来已经痛下决心说服自己坐在书桌前开始学习，但上面一连串的思考过程完成后，实际去做的事情却是拿起手机买文具。

几个月后，你的书架上堆满了未拆封的参考书，电脑里存满了未观看的学习视频，文具倒是买了不少，甚至给自己报了思维导图的培训课，而真正的学习任务始终没有启动。

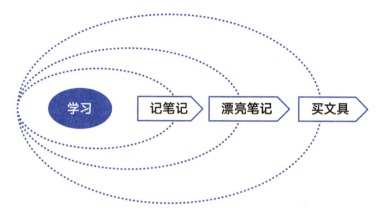

图5.1　学习中的逃避链条

认识到上述机制，我们就必须时刻警惕逃避链条，避免任务偷换的出现。这时，我们在前两章中刚刚学习到的思维正好有了用武之地。

思维一：用"粗糙"斩断逃避链条。

请回忆第三章讲到的"最差目标法"——任何任务都应该先构建"完整＋粗糙"的最小闭环。用这一原则进行检验，能瞬间斩断逃避链条，让我们回归核心任务。逃避链条扩展出的周边任务，一定在"最差目标法"之外，一定不够"粗糙"。

笔记漂亮并不是学习的"最差目标"，那就不需要记得漂亮，甚至可以更粗糙一些，连笔记都不需要。我经常强调，听我的课不需要做任何准备工作，先把学习本身粗糙地开展起来。正是这样的心态，让很多学员放下了对形式的执着，更容易启动学习，并且从中有所收获，告别了"我没有学习能力"的自我否定。

思维二：减少选择，压缩任务扩展空间。

在逃避链条的"主动寻找周边任务"和"任务无限扩展"这两个环节中，增加选择的心态往往成为逃避的助推器：健身前比较 8 款跑鞋、写作前安装 5 个写作软件、直播前调试 20 种背景……很多人把"在选择中纠结"等同于"在努力"，实际上只是用思维活动替代了实际行动，无法取得任何实质性进展。

因此，第四章的"主动减少选择"思维可以发挥价值——小选择不追求最优解、限制选择的范围，再加上限时决策，就可以帮我们避免陷入无休止的比较和分析中，把注意力拉回主战场。

【对谈】

学员提问："虚幻的满足"是否可能源于对失败的恐惧？如何缓解这种心态？

作者回答：是的，对失败的恐惧会让人用无限准备来制造安全感。缓解的方法是正确认识失败——失败不是世界末日，甚至可以说，失败是持续迭代到成功的必经环节（本书第九章会详细讲述这一点）。

把整体任务拆解为可验证的小阶段，尽快收集真实反馈，每一次小反馈都会缓解你的恐惧感。

坚持成果导向，避免过程导向

再深入一些分析，"虚幻的满足"的另一个重要表现就是抗拒成果，总是以"不够完美""我还在做准备"为理由，不愿意拿出成果进行交付和验证。因为我们内心很清楚，拿出成果将让之前的逃避无所遁形，让今后的借口也不再成立。

有位作家朋友马先生，选择了一个新颖独特的主题开始创作历史小说，但在核心情节的设计上遇到了困难，他开始沉浸在收集历史资料中。在几个月的时间里，他辗转多个图书馆查阅古籍的扫描件、整理历史人物年表、标注地图细节。朋友们提醒他尽快动笔，哪怕先发表一两章也好，而他坚持必须把历史细节研究透彻，避免被读者"挑刺儿"。

结果，相同主题被另一位作家捷足先登，看着对方几乎架空的小说在发表后大获成功，马先生感到极其挫败，他觉得凭手中的资料足以给这本小说挑出上百处不符合历史的问题，但后来他悟到了——历史资料仅仅是写作的过程素材，并不是对读者有价值的成果，读者需要的是情节完整的小说，而不是细致精密的历史资料包。他也坦承，放任自己无限制地收集历史资料，实际是在逃避对核心情节的创作。"我不愿意面对真正的难题，但是又不能不表现出努力的样子。"马先生的感慨其实对很多人都适用。

任何行动都应该以成果为终点，否则就会成为徒劳的自我感动。成果要对自己或者他人有价值，要能够交付使用或者进行验证。尽早梳理清楚任务的真正成果，你会发现，以成果为导向才是真正的努力，而以过程为导向往往就陷入"虚幻的满足"中。

仍然以学习为例，学习的真正成果应该是认知的提升和自身的成长，而不是精美的思维导图。很多人花费大量时间绘制思维导图，无非是把文字变成了图形甚至漫画，但并没有真正地认知和消化知识。过分强调思维导图这个过程，真正的目的是逃避困难的思考和记忆。

类似的情况还有很多：把日程做成精致漂亮的手账，有助于管理好自己的时间吗？销售人员不断报课学习却不愿意拜访客户，能促成订单吗？业务负责人无法触及深层问题，热衷于不断拉群开会，有助于提升绩效吗？这些都是进入了自己的舒适圈，用看起来热火朝天的过程来逃避真正需要交付的成果，用表面的勤奋努力掩盖对核心挑战的畏惧。

"虚幻的满足"特别适合表演努力，但现实从不配合我们的演出。我们应该将成果的交付作为终点，用终点倒推当前的行动，对于任何不能直接推动成果交付的行动都要保持警惕。当你学会尽早定义成果，要求自己尽快粗糙地交付成果，我们就能走出"虚幻的满足"怪圈，不再给逃避行为涂脂抹粉。你会从真正的成果中获得正反馈，在完成挑战中收获真正的满足。

【对谈】

学员提问：把日程制作成美美的手账，这样的做法让我有一种心情上的疗愈感，难道不可以吗？

作者回答：确实，制作手账这样的行动可能会带来一种掌控感，有助于舒缓心情。那我们可以把这种意义和它管理时间的核心功能拆开对待：第一，在管理时间方面，要抓关键点，简单直接；第二，在不影响核心目标的情况下，完全可以把时间用在精美手账的制作上，相当于通过绘画和手工来疗愈心情。

敢于公开承诺，让压力成为助力

拖延者经常喜欢做出自我承诺，在日记本上写下"明天一定早起"，在手机屏保设置"今日事今日毕"，在内心告诉自己"下个月必须坚持每天锻炼"……尽管承诺时充满热情和决心，但这些豪言壮语往往难以转化为真正的行动。

为何自我承诺总是成为空谈？

首先，没有违约代价。

自我承诺相当于跟自己签订的"君子协议"，完全没有违约代价。当你向自己承诺"今天必须写完报告"时，大脑其实很清楚，即使完不成也不会受到任何惩罚，这让承诺天然缺乏约束力。面对随处出现的诱惑，没有代价的承诺更是不堪一击：当朋友邀约聚餐时，健身计划总能让位给烧烤的香气；当短视频被推送时，学习计划经常会败给猎奇的心理。大脑掌管情绪的边缘系统轻易压制了负责理性规划的前额叶皮质，这是人类进化留下的本能弱点。

其次，标准过于弹性。

自我承诺的标准往往模糊而且主观可控，"尽快完成""尽量做好"这类承诺，给了大脑无限的解释空间。弹性标准很容易牵出逃避链条，"本周必须完成方案"的承诺可能最终演变成"收集点资料就算忙了"，让自我合理化有机可乘。

相比之下，公开承诺往往更有效力。

公开承诺不是画饼、吹牛，而是向他人展示你能够实现的成果和计划。当承诺公开展示出来，我们就在一定程度上承担了对他人的责任，这种压力能激活大脑的"损失厌恶"机制，让逃避的代价从模糊变得清晰。公开承诺也让弹性标准变成了刚性约束，当任务进展要展示给他人时，自我麻痹就失效了，我们无法再用准备工作来粉饰拖延，更容易建立起成果导向的思维。

公开承诺的方式有很多，我们可以根据任务的难度和价值，选择不同的方式，让监督力度与任务相匹配。

简单任务适合熟人范围。

对于简单任务，如早睡早起、健康饮食、习惯养成等，可以使用发朋友圈、在家庭群更新进度、与朋友约定打卡兑现等方式，接受熟人的温和监督，利用亲密关系的包容性提供良性压力，通过轻度曝光制造"被关注感"。

中等任务适合同频社群。

对于有一定难度的阶段性任务，如技能学习、读书、运动减脂等，最好能在同频社群中展示承诺。相似目标的社群成员既是监督者，也是鼓励者和竞争者。他们在精神和资源方面提供支持，能够减少行动阻力，而互相之间的行动进展又在一定程度上形成了轻度竞争，这种合作与竞争并存的氛围有利于激发行动力。

解决拖延也可以采用类似的方法。我在低谷期尝试改变的过程中，就在身边聚集了一些"同病相怜"的朋友，建立了解决拖延的互助群，大家在群内分享自己的任务和进展，交流感受，既互相监督又能缓解心理压力。现在，我在课程社群"轻松成长圈"中也延续了这个思路，鼓励学员们制订目标、公开目标并且更新进展，还会组织进行"100天挑战"等公开承诺的集体行动，让很多人取得了超出自己预期的成果。

重要任务可以引入损失机制。

对于高价值高难度的任务（如各类考试、创作、创业探索等），可以事先将"违约"与确定的损失相挂钩，使违约成本进一步清晰化，迫使大脑优先处理重要任务。

上一节中提到的作家马先生，在错失机会后痛定思痛，组织了几位有相同问题的作家，建立了"写稿互助群"，大家约定"创作期每天必须输出500字，否则就给全群发红包"。这种外在约束帮助他七个月就完成了一本新的小说，而以往同样篇幅的作品需要耗费至少两年时间。

最后需要说明的是，这里倡导的公开承诺，并不是强迫的，而是通过外部机制强化内在动力。敢于公开承诺，意味着承认自身的意志力是有限的，承认可能陷入自我欺骗和自我感动，并且在正视自己上述弱点的基础上，主动寻求外界机制帮助我们改变。

引入适度的外部监督，不但可以利用损失厌恶和社交压力帮我们击穿拖延防线，而且相当于建立起了解决拖延的社会支持网络，这会成为持续对抗拖延的有力武器。

【对谈】————————————————————————

学员提问：公开"立 flag"的话，如果失败是不是更丢脸，是否该低调一点？

作者回答：如果从不公开目标，其实相当于在保护拖延的习惯。公开承诺虽然可能有失败的风险，但正因为如此，反而能够激励我们认真对待。如果"立 flag"以后都做不到，那很明显，不立就更做不到，我们可以用一定的决心来倒逼自己的行动。

心法四：原谅过去的自己

在解决拖延的过程中，有一个无法绕过的问题，就是如何对待自己过去的拖延行为。

许多拖延者深深陷入"心理反刍"中——就像牛对食物的反刍一样，把过去的失误翻出来反复咀嚼，不断强化自责与悔恨："如果当初没有拖延，现在该有多好！""我怎么会犯这么低级的错误？"

这种自我批判经常超过了必要的反省程度，让人陷入了更深的内耗。

每一次自我批判，都在强化"我不配成功"的潜意识，甚至形成条件反射：有位学员每次开始工作前都要先进入悔恨模式，仿佛回味痛苦才能激励自己行动，结果反而加剧了对工作的抗拒。

我们越是苛责过去的失误，越是难以迈开前进的脚步。加拿大卡尔顿大学的研究印证了这种恶性循环。

他们对大学生的跟踪调查显示，在第一次考试因拖延失利后，那些深陷懊悔的学生比起能够自我原谅的学生，在第二次考试前更容易出现拖延现象。

要真正打破拖延的循环，必须学会原谅过去的自己，为未来腾出改变的心理空间。

原谅不是回避，而是接纳

原谅并不是对问题视而不见，而是在承认事实后再坦然前行。过去的自己确实曾经拖延过，我们要勇敢地承认这个事实，同时也学会接纳它，因为过去的拖延并不是我们能力的标签，更不该成为未来的枷锁。

我已经用痛苦为过去支付了代价，此刻的心理能量要留给解决问题，而非惩罚自己。

我们甚至可以把过去的自己想象成另外一个人，将其留在过去。可以把阅读本书当作心理上的分水岭，告诉自己，从读完本书开始，我们要告别这些焦虑和压力，开始新的生活，做一个更轻松的自己。

原谅不是忘记，而是重新认知

通过前面几章的剖析，我们已清晰地认识到：拖延不是罪责，而是情绪的信号。他人无法理解的拖延行为，背后潜藏着恐惧失败的完美主义者、不肯抛弃放弃的善良者、过度负责的讨好者……

希望本书提供的认知、思维、心法和工具，能帮助大家将拖延从道德批判中剥离，还原为一个可以拆解和干预的技术性问题。解决拖延的过程，也正是我们重新认知自我的过程，看见真实的自己，就是改变的开始。

原谅不是纵容，而是成长的起点

"如果原谅自己，岂不是纵容未来的拖延？"这是我经常听到的疑问，其实，原谅过去恰恰是未来成长的起点。

心理学家把人在成长方面的心态分成两种：固定心态和成长心态。

持有固定心态的人，认为个人的能力和智力是固定的，不能改变或提升。

他们经常陷入以下思维模式：

把拖延视为天生的弱点，进而自我设限。

把错误等同于失败，甚至上升到人格缺陷的高度。

逃避挑战，害怕失败，恐惧暴露自己的不足，对批评和反馈持防御态度。

持有成长心态的人，认为个人的能力和智力是动态的，可以通过努力和学习不断提高。

他们的思维模式也因此截然不同：

把拖延视为可以改变的行为模式。

把错误视为成长的必经之路，重视从错误中获取经验。

把困难和挑战当作成长和学习的机会，愿意尝试新的事物，对批评和反馈持开放态度。

从二者的对比中很容易发现，成长型心态本身就包含着对过去的接纳和原谅。研究也证实，具有成长型思维的人在学习、工作、运动等各个领域都更可能取得成功。

"原谅过去的自己"并不是空洞的安慰，而是在理性指导下对自身的接纳和重新认知，同时也为新的成长提供起点。

这一思路其实早已渗透在本书中，消解信任负债，学会扔东西，拆掉"烂尾楼"，都能帮助我们原谅过去的自己。

而"想想未来的自己"和"主动制造不完美"这两个心法，能帮助我们"善待未来的自己"，并和"原谅过去的自己"构成完整的思维逻辑。

至此，我们对拖延行为进行了初步的拆解与干预，努力帮助读者们打破行动的僵局。

从第六章开始，我们将从"破局"转入"立本"，探讨更深层次的自我管理和内在动力，帮助读者获得持续深入的改变。

学员提问：自我接纳会不会让人变得放任自流？

作者回答：接纳自己并不是否定拖延的存在，而是承认拖延是既有的状态，并在此基础上寻找解决方法。接纳不是纵容，而是停止用完美标准进行自我攻击。愧疚感可能成为改变的动力，但过度沉浸在愧疚中必然会消耗行动的能量，自我接纳的目的，是把能量从悔恨转向行动。

第六章

投资时间，解放精力

打破乐观幻觉，准确估计时间

时间是每个人最宝贵的资源，而对时间资源的有效管理，是一种需要学习和锻炼的技能。在本章中，我们将由浅入深地分析，在面对纷繁复杂的任务时，如何有效地规划、组织和掌控自己的时间，避免拖延的出现。

拖延者经常严重低估完成任务所需的时间。比如：你信心满满地认为"写一份报告只需要两小时"，实际却花费了 8 个小时；你觉得"整理房间 30 分钟足够"，最终却耗掉整个下午。对时间的严重误判，经常使拖延者在截止时间前被迫焦虑赶工，甚至会延误重要的时间节点，铸成大错。

拖延者这种乐观幻觉的根源，与其说是对任务不够了解，不如说是对自身的认知存在局限。导致拖延者低估完成任务所需时间有以下三个主要原因。

原因一：忽略隐性时间。

拖延者往往只计算理想状态下的显性工作时间。比如，对于写报告的任务，默认自己可以打开文档立刻开始撰写，过程中不受打扰，任务一次提交就完成……这种想象忽略了现实中的隐性时间消耗，如准备时间、干扰时间等等。

学员小余的经历很有代表性：他本来计划用下午的 4 个小时完成项目报告的 PPT，晚上和朋友聚会放松。但实际执行时，他找模板和参考资料就先花了两个小时，中途接听了几次电话，每次挂掉电话后都需要时间重新进入思考状态，又因为要求不够明确而需要找同事沟通……最后，这个预估 4 个小时的任务实际上消耗了 11 个小时，导致他只能忍痛推掉了朋友聚会，还要熬夜赶工。

原因二：高估未来效率。

更深层次的问题是，拖延者经常高估自己的工作效率和主观能动性，假设自己可以持续专注，灵感源源不断，认为意志力能克服一切困难——只要在截止时间前爆发出超常的战斗力，这些事情"咬咬牙就能搞定"。

但现实中，我们的精力是有限的，工作过程中仍然要对抗注意力涣散和疲惫带来的影响。哪怕历史上有过极限爆发完成任务的经历，不代表每次都能这么幸运。我的学员小陈是某个一流大学的大三学生，他前两年屡屡依靠考前熬夜冲刺来通过考试，甚至为此有些得意，但终于在大三的专业课上栽了跟头，遗憾地丧失了保研资格。

原因三：回避失败记忆。

明明经历过无数次乐观幻觉导致的困境，拖延者在下次估算时间时仍然会盲目乐观，把失败当作特殊情况（如"上次是因为临时开会，这次不会了"）。

这种思维与大脑对于痛苦经历的选择性遗忘有关，本质上是一种心理保护机制，让我们减少自我否定，却也让我们经常重蹈覆辙。我们必须认识到，如果不主动采取策略改变时间估算的方法，拖延就会成为常态。

校准时间预估的科学工具——番茄工作法

要打破乐观幻觉，关键在于提升时间预估的准确性，用客观工具打破主观幻觉。这里推荐的并不是复杂的时间管理软件，而是一个简单工具——番茄工作法。

番茄工作法由意大利人弗朗西斯科·西里洛在1992年创立，它广为人知的作用是提升专注力，我们在下一节会讲到。同时，番茄工作法也是校准时间预估的有效工具，它可以客观、量化地记录任务的实际投入时间，帮我们认清现实与预估之间的差距，从而打破乐观幻觉。

番茄工作法的具体操作步骤如下。

首先，选择一个明确的任务，设定25分钟的倒计时，即一个番茄时间。

在番茄时间内，只专注处理这个任务，既不要分心，也不要主动转移到其他任务上。

即使遇到外部干扰，也不要中断当前的专注，可以先记录下外部需求，在当前番茄时间结束后再处理。

如果因为走神、干扰等原因中断了专注，当前的倒计时视为作废，要重新开始计时。

完整专注25分钟，称为"收获1个番茄"，接下来休息5分钟，可以起身活动或处理消息，然后开始下一个番茄时间。

连续完成4个番茄时间，可进行一次15~30分钟的长休息，并奖励自己一次。

我们可以在任务开始前先预估需要的番茄时间数量，过程中做持续记录，任务完成后，再把实际使用的时间与预估时间进行对比。刚开始的对比结果可能会让你大吃一惊——实际使用时间经常大大超出预估，但这正是我们校准的开始。随着你在越来越多的任务中应用这种方法，预估就会越来越准确，意味着你的自我认知也在同步提升。

我近年来所有工作都使用番茄工作法进行记录，通过不断进行预估和对比，我对自己的实际产出能力有了非常清晰的判断。比如，我完成本书的文字撰写工作大约使用了700个番茄时间，如果我再需要进行类似工作，就可以比较客观地给自己预留时间。

　　学员提问：拖延者如何选择适合自己的时间管理工具？

　　作者回答：工具越简单，行动越直接。从我的经验来看，一个能记录任务的白纸本和番茄工作法，足以帮助绝大多数人利用好时间。追求过于复杂的时间管理工具，反而会降低行动能力。

提升专注能力，享受深度工作

你或许经常面对这样的场景——一边回复工作群消息，一边写方案，还要处理同事的临时需求。你以为自己"同时处理多项任务"是高效的表现，但实际上，这种状态正在摧毁你的专注力、思考力与行动力。

人类大脑并不擅长真正意义上的"多线程工作"。当我们试图同时处理多项任务时，实际上是在不同任务间快速切换，而每一次切换都意味着大脑需要完成一系列复杂操作：保存当前任务进度，清除短期记忆，加载新任务相关信息。这都会导致大量时间的浪费。软件工程专家杰拉尔德·温伯格在他的著作中提到，程序员在同时处理 3 项任务时，会有 40% 的时间浪费在切换过程中，如果同时处理 5 项任务，则有高达 75% 的时间被白白浪费掉，就如图 6.1 中展示的那样。

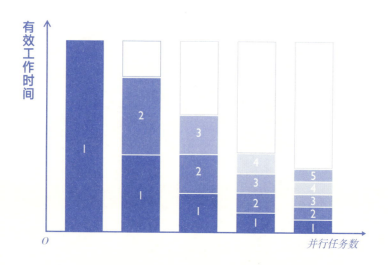

图6.1　任务切换得越多，损失的时间就越多

频繁切换任务还会导致"注意力残留"——即使你已经转向新任务，潜意识仍在对前一项任务进行"后台处理"。这会持续消耗我们的认知资源，增加工作的错误率，并引发心理疲劳。很多人在一天结束后感觉"筋疲力尽却又没有什么产出"，正是因为你的能量并没有用来执行任务，而是浪费在"启动—暂停—再启动"的空转中。

有研究显示，长期处于多任务切换状态的人，其大脑前额叶皮质会出现类似注意缺陷多动障碍（ADHD）的激活模式。这意味着，频繁切换任务会对我们的认知能力和大脑结构造成深远的负面影响，并使我们丧失深度工作的能力。深度工作是进行复杂思考和创造的必要状态，需要在无干扰情况下将注意力完全集中于单一任务。如果长期缺少深度工作，思考总是浅尝辄止，会造成信息处理的肤浅化，严重降低学习、决策和创造能力。

老舍先生曾幽默地记录下他跟孩子的互动："我刚想起一句好的，在脑中盘旋，自信足以愧死莎士比亚，假若能写出来的话。当是时也，小济拉拉我的肘，低声说：'上公园看猴？'于是我至今还未成莎士比亚。"这个活灵活现的描写，正是深度工作被打断的体现。

在当代社会，我们的专注力面临更加严峻的挑战，社交媒体在推荐算法的加持下，每天都为我们推送数量巨大、内容诱人的信息，让我们出现下面的状态：

"经常打开 APP 想搜索东西，结果被首页推荐吸引，看着看着就忘记了要搜索什么。""写论文必须开着网络剧做背景音，同时另开一个窗口跟朋友聊天，一天下来头昏脑涨，论文也没写几个字。""每天看起来很忙，其实忙着切窗口，经常会有一种恍惚感——'我在哪里，我现在要做什么'。"

这些学员的真实反馈活灵活现地体现出，今天我们常常在无意识的情况下伤害自己的专注力，长此以往，我们甚至有可能在根本上丧失深度工作的能力。

用番茄工作法重建专注力

当专注力在全社会都成为极为稀缺的资源时，重建专注力就显得迫在眉睫。上节中提到的番茄工作法在这方面非常有效，它通过"25分钟专注—5分钟休息"的固定节奏，从多个方面，循序渐进地帮助大脑重新适应专注状态。

启动时：番茄工作法将任务分解成小的时间段，能够减轻压迫感，降低启动阻力。每次专注的开始和结束时间都是明确的，无须为做多久而纠结，可以减少决策负担，更快地启动工作。

专注中：25分钟的时间相当于专注力的"健身房"，训练我们聚焦于单一任务的能力。当思维开始游离时，进行中的倒计时又可以起到物理锚点的作用，将思维拉回任务。专注过程中的中断（如查看手机、临时对话）会被显性化，让我们认清自己的干扰源。

完成后：每完成一次专注，积累的"番茄"数量就会增加，带来具象化的成就感，具象化的正向反馈更能激励我们继续专注下去。

休息时：5分钟休息给了大脑放松空间，允许在受控状态下"合法走神"，从而减少对任务的抗拒，避免过度疲劳产生反弹。

在尝试的初期，你可能会感到25分钟的倒计时非常漫长，甚至会坐立不安，不断关注剩余时间。这种情况很正常，是习惯于多任务模式的大脑像戒烟者一样出现了戒断反应，通常会持续几天。但随着神经回路的重构，你会逐渐适应专注状态，专注工作的充实感代替了频繁切换的焦虑感，让你感到享受。

　　建议大家记录下自己每天能够完成的番茄数量，最初很可能只有两三个，甚至连一个都没有——其实这正是大多数人的工作状态。当你每天收获的番茄数量逐渐提高，你会发现，工作产出也随之明显提升了，因为没有再把时间浪费在无效的切换上。以我自身的经历来说，我从最开始每天完成两个番茄都勉强，到现在经常可以完成20多个，工作产出有了数量级的提升。

　　为了更有效地进行深度工作，推荐大家使用我的瀑布时间方法，即在每天精力充沛的时段，留出至少两小时，保护自己不被外界干扰，能够聚焦于单一任务进行工作。把这种状态比喻为"瀑布"，是因为此时的思维会像瀑布一样充满动能，倾泻而下。

　　瀑布时间方法非常适合用于攻坚克难，处理重要且有难度的工作。我的很多学员都反馈，使用这种方式后，工作效率大大提升，每天的空余时间明显变多了。其实，真正推动我们取得突破性成果的，不是零敲碎打的努力，而是这样沉浸式的深度投入。在人工智能时代，浅层工作很容易被取代，而深度工作培育出的复杂问题解决能力、创造性思考能力和决策能力，将成为核心竞争力。

学员提问：番茄工作法的 25 分钟专注时间能否缩短？

作者回答：建议不要改变 25 分钟的标准专注时间，因为反复实践已经表明，这个时长对成年人来说是合适且能实现的。

对于孩子可以适当降低，因为他们的前额叶皮质还未发育成熟，无法像成年人一样维持注意力。从经验看，小学低年级孩子可以使用 15 分钟的番茄时间，小学高年级的孩子可以使用 20 分钟的番茄时间。

重新认识任务的优先级

在工作和生活中，我们必须面对各种各样的任务。无限任务和有限时间之间的矛盾，正是拖延的主要原因。

你会把时间优先分配给什么样的任务？很多人对此抱着随波逐流的心态，从来没有主动区分过任务的轻重缓急，而是随心所欲，或者被别人的催促牵着鼻子走。

要想管理好时间，我们必须根据自己的原则为各类任务排列优先级，再对其进行权衡取舍。这要求我们能把任务的两种特征区分清楚：重要性和紧急性。

重要性：任务对个人长期目标或核心需求的价值高低。

判断标准：做不做这件事，是否会对我未来的生活和工作产生明显影响？

紧急性：任务是否必须尽快处理。

判断标准：如果任务短期不处理，会产生什么后果？

需要强调的是，重要性与紧急性并没有必然关联。做战略计划这样的任务很重要，但没有尽快处理的压力，而同事临时甩来的琐碎表格可能非常紧急，却对个人毫无价值。

按照重要性和紧急性这两个维度，我们可以进一步把所有任务分成如表 6.1 中的四类。

表6.1　四种任务类型

类型	特征	典型任务
第一类	重要又紧急	突发故障、大客户的投诉、临近期限的重要工作
第二类	重要但不紧急	制订计划、学习技能、发掘新机会
第三类	紧急但不重要	临时的聚会、他人的请求、各种APP的弹窗提醒
第四类	不重要又不紧急	刷短视频、闲聊、无目的购物、过度整理

下面请读者用 1 分钟思考一下，你的时间主要投入到了哪一个类别的任务中？请在页边写下答案。

事实上，时间投入的任务类别，反映了你对时间的态度，也直接决定着你的生活状态。可惜大多数情况下，我们都处在三种误区中。

第一种误区：逃避。

很多人把大量时间花在第四类的任务上，这类任务不重要也不紧急，意味着做不好没有严重后果，同时还不会被人催促，所以做起来最没有压力。他们像陀螺一样忙得团团转，却始终在低价值任务中打转：反复整理文件、清理电脑、优化没有必要的细节……他们很沉迷于"在垃圾上雕花"，实际是在用虚假的充实感逃避对困难任务的恐惧，长此以往，会丧失处理复杂问题的能力，稍微遇到困难就退缩。

第二种误区：救火。

与逃避状态相反，如果大量时间都投入重要又紧急的任务，是不是一种良好的状态？当然不是！这种状态本质上是时时刻刻都在"救火"，一旦处理不好，就会产生灾难性的后果。"救火"性质的任务一般已经没有拖延的空间，很多拖延者甚至会依赖这种紧迫性来强行调动自己，但"救火"必然会大量消耗精力和资源，导致整天焦头烂额、疲于奔命。

第三种误区：瞎忙。

很多人在决定时间分配时，只关心任务的紧急程度而忽视了任务的重要性。结果就是把大量时间用在了紧急但不重要的任务上。这类任务通常来自外界的需求或者压力，比如他人的临时请求、邀约，它们看起来需要立即响应，否则会产生明确的后果，可当我们优先处理这类任务时，就会挤占真正重要任务的时间。

我初入职场时也曾陷入过这样的误区，当时在一家咨询公司工作，因为迫切想成长又不懂得拒绝，导致各种各样的非本职工作都来找我帮忙，自己也一度沉浸于这种"被需要"的状态中。直到有一天，我吃完晚饭回来准备加班，看着空空的办公室，突然才意识到："为什么别人都下班了，我才能做真正属于自己的事情？"

　　其实这就是典型的瞎忙，把时间都用来忙别人的急事，而自己的正事却一再被耽搁。

　　正确做法：投资时间。

　　以上三种状态正是大多数人的误区，虽然它们错误的方式不同，但最后都会让人陷入拖延和内耗的状态。

　　正确的做法，是要找到那些对自身意义重大的任务，在它们还不紧急的时候就投入时间处理，即把时间优先用于重要但不紧急的任务。这类任务虽然并未带来直接的紧迫感，但从长远看，它们对个人的成长将产生重大影响。而且，这类任务往往具有很强的杠杆作用，现在投入 1 小时，给未来节约的远远不止 1 小时——用现在的少量投入，换取未来的高价值回报，正是投资的逻辑，所以我们把这种做法称作投资时间。

　　从时间投入的回报率视角，我们再重新审视上面的四类任务，对其价值就看得更清楚了。

　　不重要不紧急的任务：浪费时间，回报率接近零。

　　紧急不重要的任务：消耗时间，回报率小于 1。

重要又紧急的任务：消费时间，回报率约等于1。

重要不紧急的任务：投资时间，回报率远大于1。

从下一节开始，我们将详细解析投资时间的价值和具体的方法，带你拥抱长期的高效和成长。

【对谈】————————————————————————

学员提问：我喜欢把自己的日程表上写满要做的事，感觉很充实，这样是否效率高？

作者回答：我曾经也有过这样的误区，结果发现，如果在一天的日程表上列出二三十件事情要做，会让人感觉压力很大，反而产生逃避心理；或者"挑软柿子捏"，先去做容易的事情。时间最高效的利用方式是"抓大放小"，优先完成重要的任务，不重要的任务可以有空再做，甚至主动放弃。

投资时间，摆脱"救火"困局

投资时间具有多方面的价值，首先，可以使我们摆脱"救火"的困局。

很多拖延者都处在不断"救火"之中，被重要又紧急的事情淹没。每一次"救火"都在透支身心储备，在强行调动精力、体力后，身心疲惫和效率低谷往往接踵而至。更可怕的是，越是忙于"救火"，越会缺少时间去提前发现和解决问题，于是，刚刚有喘息的空间，发现另一场"火"已经着起来了，陷入疲于奔命的死循环。

如何打破这个死循环？先要从本质说起——现在的"救火"，往往是因为过去的时间投资严重不足。一个非常典型的对比可以说明这一点——人们往往重视治病，而忽视体检。请各位读者思考一下，最近半年有没有做过系统性的身体检查？很多人的答案可能是"没有"。其实,大多数人都没有主动、有规律地进行体检的意识。

体检关乎身体健康,没有人会否认健康的重要性,但为什么体检经常被耽搁?因为它并不紧急——重要但不紧急的任务,做起来有一定压力,而短期不做却没有明显后果,所以最容易被耽搁。甚至越是拖延了体检,就越担心查出问题来而不敢再去,这种讳疾忌医的心态在处理重要问题时非常常见,很多优秀的人也未能幸免。

我还记得多年前,给企业高管谭总做人生战略辅导时,留意到他出现了深度疲劳的症状。我建议他尽快去体检,他却露出苦笑:"我手下管着上万人,听汇报都已经排到下个月了,哪有时间去做体检?"为了打破他的思维惯性,我选择了一个冒昧的问法:"如果你现在突然感到不舒服,会不会去看急诊?""那当然!"谭总脱口而出后马上愣住了,"真奇怪,如果这件事爆发成大问题了,我反而能抽出时间去处理,但为什么现在会觉得没时间体检呢?"

其实这正是人性的弱点,对于未爆发的问题普遍抱有侥幸心理,拖延着不去处理。而问题一旦爆发,就立刻升级为重要又紧急的"救火"事件,迫使你抛开其他事情,马上处理。更糟糕的是,一旦从隐患升级为"救火",我们付出的代价很可能就要十倍、百倍地上升,甚至造成不可挽回的后果。

很多拖延者都像这位谭总一样,觉得太忙没时间体检,但实际上，所谓的"太忙"，往往是急事太多，而不是重要的事太多。很多拖延者之所以"没时间"，是因为处理的都是爆发以后的"救火"事件。如果能尽早投资时间，不把重要的事情拖延成急事，你会轻松很多。

2000多年前，《淮南子》对此已有清晰的阐述："良医者，常治无病之病，故无病；圣人者，常治无患之患，故无患。"这里的"治无患之患"指的是在灾患真正爆发之前就将其消灭掉，正是投资时间的做法。

进一步说，具备防患未然性质的任务，大都是时间投资，比如备份数据资料。为关键数据做备份，很可能每月只需要投入1个小时，但这个任务没有紧迫性，所以很容易被忽视。而一旦出现数据损失，往往会付出巨大代价：大学生因为笔记本电脑丢失而延期毕业，作家因为硬盘损坏而痛失多年文稿，销售因为手机损坏而丢失大量客户联系方式……类似的案例屡见不鲜，每次都让人非常痛心和惋惜。

大家也可以按照防患未然这个思路去梳理自己的工作和生活，排查隐患，提前规避，虽然短期看似没有显著收益，但能有效避免未来的重大损失。从现在开始优先做时间投资，未来的你会感谢现在的你。

【对谈】

学员提问：我的时间已经被工作、家庭、孩子等事情填满，每天都忙得焦头烂额，还怎么能投资时间？

作者回答：完全理解你的状态，但越是时间被占满，越要挤出时间来进行投资，不然只会进入一个无限消耗的死局。你可以试试每天抢出半小时的时间，专注做一件"现在不干今后更麻烦"的事，很快你会发现这种时间投资的价值：你开始有喘息时间甚至空余时间，局面就此打开。

151

主动投资，撬动时间杠杆

投资时间是摆脱救火困局的核心方法，同时，也给我们带来了强有力的时间杠杆——把时间投入在这些重要不紧急的任务上，在未来可以获得多倍的回报。下面，我来介绍五种典型的时间投资方式，帮助大家在实践中逐步掌握这一思维模式。

目的明确地学习

学习具有典型的杠杆效应，掌握一个方法、一门技能或一套思维模型，初期可能需要投入几十到几百小时，但能够显著提升我们解决问题的能力，在未来降低处理任务的时间成本，带来长期回报。

需要强调的是，学习要有明确的目的性，避免陷入"为学而学""囤积知识"的误区。网络时代的学习资源浩如烟海，一生都难以穷尽，如果学习缺乏明确方向，那就算不上一个重要的任务，甚至容易沦为逃避现实的借口。我们要思考自己的成长目标，让学习能够助力于成长。

以我的学员小刘为例，她与几位实习生同期入职，负责数据整理分析工作。当其他人埋头手动处理时，她选择投入时间学习编程，实现了报表的自动化填写。这一短期投入不仅大大提升了工作效率，更成为她求职时的重要竞争力。

解决深层问题

拖延、焦虑、内耗这些表面"症状"的背后，往往隐藏着长期未解决的深层问题。

深层问题不同于具体的未完成任务（如"明天要交的方案"），而是长期盘踞在意识深处的重大挑战——经济上的沉重压力、事业上的暗淡前景、亲密关系的裂痕、亲子关系的冲突……它们一般具有如下特征。

持续性：像背景音乐一样长期存在，却容易被人熟视无睹。

复合性：多种因素交织在一起，让人难以厘清头绪。

模糊性：没有短期的、明确的解决方案。

这些特征融合在一起，让我们不愿甚至不敢碰触深层问题，经常采取麻痹自己的方式以忽视其存在，最终形成一种人生的深重迷茫——对现状很不满，但也不知道问题在哪里，更不知道如何解决。

其实，主动面对深层问题，就是解决它们的开始。直面问题虽然有挑战，但收益更加可观，不仅能显著减轻情绪负担，还能节省大量本来用于逃避、焦虑和自我谴责的时间。

而且，每解决一个深层问题，就能释放出一部分被长期占用的心理资源，一次改善持续受益。

我的学员刘女士是位全职妈妈，她觉得自己内耗的问题是"操持家务很用心，但家人不领情"。

比如她每天都反复整理衣柜、擦拭家具，但丈夫觉得没必要。经过深入的自我觉察，她终于勇敢面对内心，找到了隐藏的压力来源——有了孩子以后，她和丈夫之间的直接沟通变少了，这种亲密关系的淡化让她产生了危机感。她此前用琐碎繁重的劳动投入替代与丈夫的深度沟通，实际是潜意识里在回避这种危机。

在找到问题根源后，她减少了在琐碎家务上的时间投入，每周专门留出三四个小时供二人单独相处，结果她和丈夫之间的信任关系迅速改善，让她消除了内耗，连睡眠都踏实多了。

管理上也是如此，比如在软件开发的过程中，我们经常为了快速实现功能而采用一些短期的、方便的技术方案，日积月累就形成了"技术债"，让新功能的扩展和系统维护变得非常困难。

这时候，优先投入时间来优化架构、解决"技术债"这种深层问题，会让后期的开发效率大大提升。

积极休息

很多人希望把自己的日程表排满，榨干每一分钟时间，而把休息视作浪费。其实，哪怕是各国政要和跨国公司的高管，在日常有无数紧急事情要处理的情况下，都会安排专门的休假时间，这也说明了休息的重要性。

积极休息不是单纯的"停下来什么都不做"，也不是被动地刷手机消磨时间，而是通过有目的的活动来恢复精力。一方面，积极休息可以让我们保持良好状态，减少失误。如果在疲劳状态下强迫自己工作，造成的代码错误、合同漏洞等问题，其修复成本将远远超过休息所需的时间。另一方面，积极休息可以提升大脑的专注力和认知能力，激发新想法和灵感，并帮助我们做出高质量的决策。

授权和培养

很多管理者认为授权给团队耗时费力，喜欢事事亲力亲为，结果自己越来越忙，团队却越来越弱，陷入恶性循环，产出永远受制于个人精力的上限。

授权固然需要投入时间进行任务分解、人员培训和过程监督等工作，在初期的效率可能确实低于亲自动手。但在长期看来，授权的杠杆效应极强，可以将管理者从烦琐的事务中解放出来，把时间和精力用于更重要、更具长远价值的任务。

我的学员罗女士是位幼儿园园长，她自嘲"每天忙着管别人的孩子，却没时间陪自己的孩子"，因为从接待家长咨询到处理投诉，她都事必躬亲，团队只能被动等待指示。她在学到了投资时间的方法后，尝试放下繁重的业务，优先用几天时间梳理业务流程、设置标准动作，放手让团队执行。结果，局面一下子打开了，罗园长欣喜地发现，团队其实比想象的更能干，她只需要做关键节点的检查和流程优化，竟然每天能空出来一半的时间。

我的课程研发也得益于授权，我会把精力优先用在帮助团队提升上——探讨学员需求、构建课程研发方法论、优化流程、建立知识库……这才让小团队发挥出了巨大的战斗力，每年能够产出数百小时的新课程，服务数十万的学员。

其实，培养孩子也如是。在孩子成长的关键时期，家人能够深度参与，帮他们培养习惯、提升能力，可以避免以后被迫解决更大的问题。

积累人脉资源

人脉资源是高效的社会杠杆，可以为我们提供优质的信息、认知和机会。与内行人一小时的深度交流，可能为我们节省一百小时在黑暗中摸索的成本。

既然人脉资源的重要性如此显而易见，为什么大多数人却无法做到有效积累？恰恰因为这件事并不紧急——不积累人脉并没有短期可见的后果，很容易被紧急的小事挤占了时间。待到真有需求时，重要不紧急升级为重要又紧急，只能被迫到处找关系求人，可临时求助不仅成功率低，更会大量消耗信任储备。

人脉资源的本质，是时间沉淀出的信任资产。积累人脉资源，不能事到临头再做，只有在不需要对方时就建立联系、积累信任，在非功利场景下强化情感纽带，才能在需要时获得支持。

总结一下，时间投资的思路给我们利用时间提供了新的视角。拖延者习惯于把截止时间前的焦虑当作行动驱动力，因而尤其容易忽视重要但不紧急的任务。然而，这类任务正是撬动时间杠杆的关键，把时间投入这样的高价值任务，就相当于持有了人生的多项优质资产。

认识到它本身是一种投资，我们就会建立起长期主义的心态，耐心等待回报在未来显现。

曹操对《孙子兵法》的注解有一句名言："善战者无赫赫之功。"人生的善战者正是懂得通过时间投资做到提前布局，看似没有惊心动魄的拼搏，其实早已获得了成长。

如果每天都坚持做时间投资，你会发现自己不仅变得更加高效，而且更加从容，获得了真正的松弛感。

学员提问：投资时间在重要不紧急的事上，如果短期内看不到效果怎么办？

作者回答：重要不紧急的事就像栽树后的浇水、施肥，即使短期看不到树苗在长高，但根系却已经悄然扎牢了。大多数人都习惯用即时反馈来衡量价值，这就意味着那些短期内看不到效果的事，恰恰是他们无法复制的。投资时间相当于构建属于我们自身的优势"护城河"，等到价值显现时，他人再想模仿就晚了。

心法五：学会说"不"

我们的时间每天都在被无数外界需求争夺：同事的临时请求、朋友的即兴邀约……这些看似合理的需求层层叠加，最终将许多人推向两难困境——明知自己的任务堆积如山，却依然无法拒绝他人的请求。结果，自己的任务不断拖延，时间被切割得支离破碎，疲惫与懊悔进一步导致了更严重的拖延。

要想把时间投资到真正有价值的任务上，我们需要掌握一个重要的心法：敢于说"不"，即敢于拒绝其他人的请求，保护自己的时间资源。

敢于说"不"，不等于自私。

许多人将拒绝等同于自私，认为只有无条件满足他人需求才算是善良。但我们需要清醒地认识到：每个人的时间都是属于自己的、不可再生的宝贵资源。如果因为不敢拒绝而让时间沦为公共资源，最终损耗的将是自己的人生价值。

我的学员小宋是位设计师，她能力出众又很热心，同事们遇到难题时总能从她这里获得帮助，渐渐地，同事们甚至都习惯于将自己项目中的"硬骨头"直接交给她来处理。小宋平时享受着"好人缘"的评价，然而年终总结时，她却发现居然拿不出真正属于自己的成果。而那些经常求助于她的同事，却个个显得成果饱满、绩效出色，她的有求必应都成了"为他人作嫁衣裳"。

很多请求未必只有你能提供帮助，你成为请求的对象，只是因为在大家眼中你的时间最容易被索取。而每次你向他人的请求妥协，都是在交出自己的时间所有权。试着敢于说"不"，这并不是自私，而是对自己时间所有权的宣示，是对自身的尊重——你的专注时段、成长计划、家庭时光，都可以比外部的请求拥有更高的优先级。

敢于说"不"，不等于破坏关系。

很多人害怕拒绝会伤害人际关系，希望用妥协换取接纳。但现实恰恰相反，无底线的妥协只会让人际关系陷入畸形。当你总是牺牲自己的需求去迎合他人时，你的付出就会被视为理所当然；而当你偶尔无法满足对方要求时，反而会招致其更大的不满。

健康的关系应该建立在价值互惠上。敢于说"不"，能帮你筛选出有价值的关系。如果一段关系需要你不断地满足对方的索取才能维护，这种关系肯定就是不健康的。敢于中断这样的关系，能够减轻情绪消耗，并帮我们腾挪出心理空间，接纳更多良性关系。

敢于说"不"，还能让你的付出更得到重视，当人们发现你并非随叫随到时，反而会更看重你的价值。我的学员小吴，过去总在深夜加班帮甲方修改方案，还屡屡遭到挑剔，当她敢于拒绝甲方在晚上提出"第二天上班要给到"的修改要求，并且明确告知对方"重大修改需要提前两天正式预约"后，客户反而更重视她的意见。

保护时间的有效方法——给日程打上"钉子"

重要但不紧急的任务通常没有明确截止时间，容易在妥协下被牺牲掉。为了改变这种情况，我建议大家给日程打上"钉子"，即在你的日程表上，提前安排一些重要任务并设置为最高优先级，除非遇到极其特殊的情况，否则不能推迟。

很多优秀的人都有这种雷打不动的"钉子"安排，如锻炼、学习、深度思考、陪伴孩子等。很多学员在我的建议下也开始了同样的做法，大家普遍发现，固定的时间节奏可以让行动成为"肌肉记忆"，而事先安排任务又减少了行动的决策负担。我们还可以再给"钉子"一些强化机制，例如，提前预约私教的健身课程，或管理层以制度规定每周的复盘时间，这样既能强化承诺，也为拒绝临时请求提供合理理由。

给日程打上"钉子"相当于财务投资中的定投机制，确保我们规律性地投入资源。虽然每次投入的时间都不多，但都能保证用来做高价值的事情，可以避免把重要的事情拖延成急事。

【对谈】

学员提问：每次拒绝他人请求，我都会产生负罪感，甚至影响到我做事的动力。应该如何平衡自我需求与人际关系？

作者回答：拒绝他人后有负罪感，是因为我们习惯把拒绝和破坏关系挂钩，其实，真正的健康关系恰恰建立在清晰的边界之上。负罪感的本质，是对自己需求的忽视和对他人感受的过度内化。在下一章中，我们将更深入地讨论这个问题。

第七章

重建自我价值
告别讨好付出

拖延的隐秘推手：自我价值感低

当我们在拖延的泥潭中挣扎时，很少有人意识到，许多看似"懒惰""迟疑"的行为背后，往往藏着一个更深层次的问题——自我价值感的持续低迷。

自我价值感与拖延的关系

简单来说，自我价值感就是人对自身内在价值和存在意义的认可程度。它不是由外界的成就、财富或评价定义的，而是根植于内心的底层信念——"我值得尊重""我有能力面对挑战"。

自我价值感较高的人，即使遭遇挫折，也能理性看待问题；而自我价值感低的人，往往将一次失败等同于对整个人生的否定，甚至因此陷入逃避的恶性循环中。

自我价值感低是如何导致拖延行为的？下面是三种典型的

心理机制。

心理机制一：将结果等同于自我价值。

自我价值感低的人，往往将任务的结果与自我价值直接绑定，并且持有"非黑即白"的思维模式。在他们看来，只有完美表现才能证明自己的优秀，而任何失误都意味着自己一无是处。这种对自我否定的恐惧，会让人本能地抗拒行动。如我的学员小高所说："只要不开始行动，就可以一直假装我有能力做得很完美，就不需要面对可能的失败，也不会遭到否定。所以心安理得地偷着懒，还能感觉自己很棒很努力。"

而且，自我价值感低的人缺乏稳定的内在评价体系，习惯于把外界反馈当作衡量自身价值的唯一标准，这让他们往往过于看重他人的评价。领导的一句批评，会引发"我根本不配这份工作"的自我否定；朋友未及时回复消息，会被解读为"我根本不重要"。这种将自我价值感寄托于外界的心理，让人如同提线木偶，行动力完全受制于他人的反馈。

心理机制二：对结果进行灾难化想象。

自我价值感低的人容易唤起过去的负面经历，并且将这些经历与当前的情境联系起来。当面对新的挑战时，他们会不自觉地想起过去类似的失败或挫折，在头脑中预演负面结果，出现"预支焦虑"，甚至产生对失败的灾难性想象。写一份报告，会担心"数据出错，被当众质疑"；准备一次演讲，会预演"忘词冷场，遭人嘲笑"；在新的感情中遇到一点小矛盾时，可能会立刻联想到过去的分手经历，想象这段感情也会以失败告终。

这种想象虽然脱离现实，却具有极强的情绪杀伤力。大脑会把想象当成真实情况，开始分泌压力激素，引发心跳加速、肌肉紧绷，甚至进入应激状态，最终导致思维停滞和行动瘫痪。

心理机制三：用拖延来保护自我价值感。

当自我价值感长期低迷时，拖延往往会成为一种自我保护的手段。很多人宁可被贴上"拖延症"的标签，也不愿直面"能力不足"的自我怀疑。

我的学员郭先生是位编剧，因为不满意自己对核心角色的设计，他反复思考，却迟迟不肯开始撰写剧本大纲。每当合作者询问进度时，郭先生都可以很坦然地告诉对方"我的拖延症又犯了，没动笔"，而并不愿意承认，他内心真正的恐惧是自己没法创作出令人刮目相看的作品。

在这种心理防御机制下，很多人逐渐习惯于用"拖延症"进行自我标榜，为可能的失败预设退路，甚至将拖延的行为模式固化为身份标签——宣称"我天生就拖延"，这实际是在表示："拖延不是我的错，我也无力改变。"

在短期内，这种行为似乎可以保护自我价值感，实现自洽；但长期来看，每一次拖延都验证了"我果然不行"的预判，把对自己的怀疑夯得更为扎实；即使能够侥幸完成任务，也会产生"果然只有在压力下我才能做好"的错觉，为下一次拖延埋下伏笔。

上述三种心理机制相互交织，构成了这一类拖延的深层心理网络，并且发展出讨好、回避等典型的应对策略。其中，讨好型人格是最为大家熟知的一种表现，我们将在下一节里详细探讨这一点。

【对谈】

学员提问：如何判断我的拖延是因为自我价值感低，还是对自己的能力有客观的评价？如果我就是能力不行呢？

作者回答：如果你经常因为怕做不好而逃避任务，或通过拖延避免面对短板，就是自我价值感低的表现。假设一个场景，在接到一个对能力有考验的重要任务时，你的第一反应是"我能学"，还是"我不配"？后者就是自我价值感低的信号。

从取悦到枯竭：讨好型人格的代价

当一个人认为自身存在的意义取决于他人的认可时，人生便成了一道永无止境的证明题——需要不断向外界证明自己足够善良、有用而且值得被爱。这种以过度迎合、取悦他人为核心的行为模式，即讨好型人格。在后面的文章中，我会将"有讨好型人格的人"简称为"讨好者"。

讨好者的特征

讨好者往往呈现如下特征。

习惯性妥协： 即使内心不情愿，也会下意识地答应诸如同事的加班请求、朋友的临时邀约，甚至陌生人的无理要求。

自我忽视： 喜欢附和别人的看法，而把表达自己的需求视为羞耻，甚至对自身完全合理的诉求都产生罪恶感。

过度敏感： 很在意他人的反馈，能从对方的一个眼神或语气中解读出"他对我不满意"，并立刻改变行为去迎合对方。

恐惧冲突： 为了避免产生冲突，不断退让、忍耐，甚至"打落门牙肚里咽"。

超量付出： 通过主动且过度的付出来换取内心的安全感，付出到"对方欠我一点"才会觉得踏实。

讨好行为带来的危害

短期而言，讨好的行为模式似乎能维持表面的和谐，但长期来看，它却从多个层面侵蚀着一个人的生命力。

行为层面：外部需求挤压自我目标。

讨好者往往将他人的需求置于个人目标之上。他们的时间表不断被外部事务以"紧急"的理由占据，而真正关乎自我成长的重要事项——学习新技能、执行健身计划，甚至保障基本休息——却被无限期搁置。例如：有学员会熬夜为同事核对报表，却任由自己的创意方案停留在空白文档；有学员耗费整个周末帮朋友修改 PPT，代价是取消了自己的体检计划。这种"为他人奔忙，却荒废自己"的模式，本质上是一种低效的自我消耗。

更隐蔽的是，讨好者经常通过满足他人需求来逃避自我成长。当为别人的事务忙碌时，他们会产生一种"我被需要，所以我很重要"的虚假充实感，甚至主动将他人事务的优先级置于自己的目标之上。然而，这种忙碌并未带来真正的价值积累，反而导致个人目标被边缘化，永远无暇投资自己的时间。最终，当长期搁置的重要任务升级为紧急时，讨好者往往陷入"既为自己'救火'，又为他人奔忙"的窘境，焦头烂额却一事无成。

在上一章中，我们专门强调过要敢于拒绝别人的请求。其实，很多人之所以不敢拒绝，并不是因为缺少勇气或者技巧，而是在内心深处觉得自己需要满足别人，依赖他人因此给予的认可。

决策层面：丧失自主判断能力。

讨好者的每个选择都建立在对他人意图的揣测之上。他们的决策标准不是"我需要什么"，而是"别人会怎么想"，用他人的标准代替自我判断，经常导致讨好者无所适从。

我的学员周先生就非常典型，他在装修新居时为了亲友的偏好反复修改设计方案：妻子喜欢现代简约的风格，岳母偏好美式田园，父亲又建议用传统中式……他不断推翻原有方案，熬走了两个设计师，拆拆改改持续两年仍未完工——本来希望能满足所有人，结果被所有人共同抱怨缺少主见。

过度考虑他人感受，不仅会导致决策成本激增、行动停滞，还会从根本上削弱讨好者的决策能力。当工作中遇到难题时，他们宁可拖延到领导催促也不敢提出方案，因为"万一出错会被批评"；面对人生重大抉择时，他们因害怕让人失望而陷入恐慌性拖延。更危险的是，这种依赖会演变成一种心理惯性。就像长期挂拐的人突然失去支撑后难以行走，讨好者一旦需要独立决策，便会因缺乏内在标准而束手无策。

情感层面：持续透支与能量枯竭。

讨好者的情感系统永远对外敞开，他人的焦虑、抱怨甚至随意宣泄的负能量，都会长驱直入，转化为他们的心理负担。而同时，他们自己的情感需求却处于无人关注而且不敢表达的境地。

这种情感关怀上的"逆差"，会消耗心理能量，导致内心的不平衡，试想：当你因为帮同事加班而延误了自己的项目，或者因为陪朋友闲聊而牺牲了学习计划，内心真的能够毫无怨言吗？这些未被释放的负面情绪会逐渐积累，让人陷入拖延和内耗的境地中，并且最终以烦躁、焦虑，甚至爆发的形式反噬。一位程序员学员曾坦言："每次帮别人调试完代码，看到自己的程序还在报错，都会有一种想砸键盘的冲动。"

更矛盾的是，讨好者往往将"过度付出"视为换取认可的筹码，但现实往往与期待背道而驰。当一个人无限度地迎合他人时，换来的不是尊重，而是理所当然的索取。

讨好别人在短期内确实能带来安全感，获得短暂的"好人缘"。但长期下去，这种行为会让你逐渐失去自我，你的精力和情感会被他人的需求消耗殆尽，失去了自己的目标和行动力，最终只能感慨"一辈子都在为别人活着"。

讨好型人格的成因

讨好型人格的形成，并非个人的软弱或过错，而是成长环境与社会文化共同作用的结果。

童年是人格的土壤，早期的情感互动模式会在潜意识中形成持久的行为模式。那些在批评中长大的孩子，习惯用顺从保护自己的安全感；长期被忽视的孩子，误以为"只有懂事才能获得关注"；而目睹父母通过持续自我牺牲来维系关系的孩子，会潜移默化地接受"讨好是美德"的设定，让讨好型人格产生代际传递的现象。

在成长过程中，频繁受到家庭、学校或同伴的过度批评的孩子，可能会逐渐内化这些负面信息，认为自己存在缺陷，不值得被爱或被尊重。这种持续的负面反馈会削弱孩子的自我价值感，并在他们内心深处埋下"不配得感"的种子。

成年后，社会文化编织的价值网络进一步固化了讨好倾向。从吃亏是福、以和为贵的传统观念，到任劳任怨的职场规则，再到社交媒体上高情商就是让别人舒服的片面解读……这些力量在传递着同一套核心逻辑："你对别人越有用，你的存在就越有意义。"当一个人长期处在这种环境中，便会将正当需求视为羞耻，将争取权益视为自私，将讨好付出等同于道德高尚。

值得庆幸的是，无论是童年烙印还是社会规训，都并非不可打破的宿命。就像树木可以在新的土壤中重新扎根，我们也能通过自我觉察与主动改变，实现"二次成长"。

真正的安全感，从不依赖于无止境的付出，而应来自对自我价值的坚定认知，植根于对自身需求的尊重与对真实自我的接纳。唯有如此，才能从"证明自己值得被爱"的焦虑中解脱，转向"我本自具足"的从容。

【对谈】

学员提问：改变讨好型人格，是否意味着要适度自私？

作者回答：这不是自私，而是自我尊重。讨好者早就习惯于把别人放在核心位置上，自己的需求已经被忽视很久了；因此，稍微正视一点自己的需求，就容易产生"自私"的愧疚感。我们要学会关怀自身的需求，把它重新放在正确的位置上。真正的成长，是学会在尊重自己的同时，适度关心他人，而不是一味牺牲自己去成全他人。

建立边界，减少过度共情

改变讨好型人格，重建自我价值感，先要学会建立边界。边界是个人在人际关系中设置的行为规则，表现在多个层面。

物理边界：掌控身体接触与私人空间的范围。

信息边界：掌控信息披露的范围。

情感边界：掌控情感影响的范围和强度。

健康的人际关系和心理状态需要有清晰的边界来维护，而讨好者经常呈现出边界的双向模糊甚至缺失：既允许他人随意进入自己的领域，又过度介入他人的领域。

边界的缺失会带来深远的影响。我的学员赵女士尽管日常工作非常忙碌，仍然坚持为已经大学毕业的儿子手洗内衣、外衣，因为"总觉得这事就是当妈的该做的"，结果自己疲惫不堪，儿子还被朋友讽刺为"妈宝男"。这种付出虽然出自关怀的心态，但也越过了边界——母亲把孩子的独立空间当作了自己的责任领域，会给双方都带来矛盾和内耗。其实，即便是最亲密的关系，也需要边界来区分，避免关怀在不经意间演变成控制。

边界是人际关系的隐形护栏，建立边界的过程，可以帮我们从混沌的情感粘连中抽离，在自我与他人之间筑起一道"护城河"，从而保护自己的个人领域免受侵入，维护自己的核心需求和时间价值。

建立边界还可以让我们在关系中更具主动性，摆脱被动适应的状态。我的学员宣女士经营着一家女装实体店，她曾经饱受频繁退货的困扰，直到在店内挂出了"线下试穿，售出后概不退换"的告示牌——这确实让一部分顾客抱怨"不近人情"，但有效帮她摆脱了退货的压力，同时还筛选出了愿意接受规则的优质顾客。她的转变告诉我们，边界不仅是防御工具，还是自我主权的外化宣言，帮助我们从"适应他人的规则"到学会"建立自己的规则"。

建立边界还可以为我们带来一个更加根本的转变——减少过度共情。

讨好者经常过度共情，不仅对他人的情绪表现得过于敏感和关注，还会将对方的焦虑、悲伤甚至愤怒内化为自己的心理负担。让他们产生深度共情的不只有身边的亲友，还包括社会热点中的陌生人、历史人物、文学和影视中的虚构角色，甚至是动物……导致他们的情绪永远被外界影响，处在不稳定的状态中。

过度共情容易被理解为善解人意，但本质上，这是一种失去边界的情感卷入，把帮助他人解决情绪问题当作自己的义务，甚至希望通过拯救他人来证实自我价值。建立边界可以帮助我们区分他人的情绪和我们的责任，避免将他人的情绪压力吸纳进自己的心理系统。正如阿德勒心理学强调的"课题分离"：每个人只需对自己的选择负责，而无须承担他人情绪的结果。

例如，朋友因为工作焦虑向你倾诉时，"倾听与建议"是你的课题，"消化情绪"是他的课题。如果你因为未能缓解对方的焦虑而感到自责，其实是越界背负了本不属于你的责任，混淆了关心与承担——关心是关注与支持，承担则是替对方解决问题。

边界提醒我们：保持情感共鸣，但区分责任归属，既不让他人在你的课题上越界干涉，也不在他人的课题上越俎代庖。赵女士在领悟到这一点后，把洗衣服的任务交还给了孩子，自己的时间则用来跟同龄人一起跳广场舞，心情和身体都好多了。"看着他把内衣和袜子一起塞进洗衣机，我真是觉得别扭，但提醒一次以后我也就眼不见为净了，还是跳舞去吧"——这就是边界逐渐建立的过程，母子关系反而因相互尊重变得更加融洽。其实，真正的共情需要克制，适度的边界反而能让关系更具生命力，介入他人的课题，反而剥夺了对方成长的机会。

建立边界的过程可能伴随阵痛，就像长期蜷缩的人突然挺直脊梁，肌肉和骨骼会感到酸痛，需要适应。但这种不适感恰恰证明改变正在发生。最初，你可能会因为表达自己的真实感受而忐忑，但每一次对越界行为说"不"，都是向自我与外界宣告：我的时间值得被珍视，我的感受需要被尊重，我的存在本身便有资格被认真对待，这将逐渐瓦解"通过讨好换取认可"的旧模式。那些因我们建立边界而破裂的关系，本就不值得维系。

边界不是高墙，而是门——由你决定谁可以进入，何时进入。它既允许真诚的情感流动，又能及时拦截消耗性的侵入。改变讨好型人格的关键，就在于通过边界重新界定自我与他人的关系：倾听但不包办，共情但不越界，关心但不牺牲。

【对谈】————————————————

学员提问：对不同的人，边界是否要有所区别？

作者回答：是的，应该根据双方关系的紧密程度和责任关系来设定不同的边界状态。对亲密圈，边界可以保持一定弹性，但仍要坚持住自己的底线。对于同事、朋友等日常圈，可以采用清晰边界，主动设立规则。对于陌生圈，应该先从建立刚性边界开始，避免被利用或者侵犯利益。

不怕冲突，敢于维护利益

　　社会经常将避免冲突视为高情商的标志，自我价值感低的人对于冲突更是往往采取回避态度——"忍一时风平浪静，退一步海阔天空"是他们处理人际关系的金科玉律。面对同事的不配合时，他们选择自己额外承担工作；面对不合理的要求时，他们选择退让；遭遇利益侵害时，他们选择沉默。

　　然而，这种以妥协换取的表面和谐，往往成为自我消耗的开端——你越能隐忍，就越吸引需要你隐忍的人，消化越多需要你隐忍的事，结果底线一降再降，陷入恶性循环。

　　我们应该认识到，冲突并非洪水猛兽，而是正常人际互动的必然产物——表达不同意见，提出不同做法，拒绝别人侵入边界，都会产生冲突。冲突也不意味着关系的破裂，它在一定程度上是良性的、积极的，甚至是必需的——如果你觉得日常工作生活中没有冲突，恰恰需要警惕，因为这很可能意味着你已经习惯于过度付出和忍让了。

理解冲突的深层意义，重新审视冲突的本质与价值，是突破讨好型人格、重塑自我认知的关键所在。

第一，冲突是校准边界的有益过程。

"君子和而不同"——健康的人际关系并非没有分歧，而是能够通过适度冲突不断明确彼此的底线、校准互动的边界，从而实现深层次的和谐。就像骨骼需要承受压力才能变得更强健，关系中的良性冲突能够帮助双方确立规则、巩固信任。

边界并非与生俱来，而是在互动中不断调整的结果。当同事未经允许翻动你的办公桌，当亲戚反复追问你何时结婚生子，当并不熟悉的朋友突然向你倾倒情绪压力，你在内心的抗拒感正是边界被触碰的信号。此时，如果压抑自己的感受，只会让模糊的界限继续消融；而我们需要做的，是采用坚定但温和的表达方式进行提醒，让边界变得清晰起来。

真正和谐的关系，来自边界清晰、各自利益都受到尊重的博弈，而非表面上的雍雍穆穆、一团和气。观察那些长久和谐的家庭或者企业，你就会发现，他们并不反对冲突，而是建立了明确的议事规则，来有效应对冲突。

第二，冲突是维护利益的必要手段。

很多人不敢光明正大地追求利益，不敢维护自己的合法利益，甚至连别人拖欠的款项都不敢去讨要。一方面是因为社会文化经常把利益与自私画上等号，更重要的是，他们非常惧怕主张利益会带来冲突。在他们看来，维护自身利益的行为可能会被拒绝，甚至产生争吵，所以下意识就想逃避这种矛盾，甚至通过自我合理化（如"对方也不容易"）的方式缓解自己的内耗，把别人的责任转变成自己的心理负担。

可是，你越是害怕因为冲突付出代价，越是在行动中表现出这一点，就越会被其他人看穿和拿捏。结果就是，有些人会主动制造冲突、激化冲突来夺走你的利益，这就是很多老好人、老实人遇到的困境——"越怕事越来事"。

只有表现得不怕为冲突付出代价，才能真正维护住自己的利益，"打得一拳开，免得百拳来"，这已经被从个人到国家多个层面的事实证明了。

我的学员南先生是一位制造业的企业主，他一度被多个客户拖欠货款超过百万元。以前，他怕一旦催款会撕破脸，破坏和客户的关系，结果对方心安理得地一拖再拖，他自己的经营反而承受了巨大压力。当他转变观念，敢于直言讨要后，一个月内就追回了 20 多万货款，几个月内把积压的问题全部解决，而且还受到了客户的尊重。

第三，冲突是自我重建的必经之路。

对于讨好者而言，直面冲突无异于一场深层次的自我革命，它要求我们打破"通过忍耐换取认可"的思维惯性，优先注重自己的内心感受，而不是他人是否满意。这种转变当然是不容易的，需要讨好者持续对抗自己潜意识里的恐惧——害怕被抱怨、害怕被否定、害怕关系破裂。但正是这种对抗，才能真正瓦解讨好付出的习惯性模式。

我的学员杨先生曾经高兴地在社群内反馈："网购一箱猕猴桃有很多坏果，以往我都会忍气吞声，但想到陈老师讲的冲突思维，决定给自己加油试试退款。结果壮起胆子跟客服提了一句要维权，对方直接把152块钱退回来了！我有两个收获：第一，不拖延效果最好；第二，只要有勇气做就能做好。"

杨先生的转变非常典型。他从维权中增强了自信，提升了自我价值感，还建立起了改变拖延的心态，收获远远大于这100多块钱。这件小事，可能正是他重建自我过程中的重要里程碑。

"以斗争求团结则团结存，以退让求团结则团结亡"，毛主席这句名言到现在仍然可以启发我们。当年的"斗争"即今日的"冲突"，即不掩盖矛盾，而是积极面对和解决矛盾，这不仅能够维护自身利益，建立健康的关系，还可以帮助我们探索更可持续的生存模式。

学员提问：对长期习惯性回避冲突的人，有什么具体的改变建议？

作者回答：改变不追求一蹴而就，不需要直接挑战高强度的冲突，可以先从非对抗的、低风险的冲突（如消费场景、远程沟通）开始，渐进式地训练自己应对冲突的能力。

另外，在冲突以后进行复盘也是很好的提高方式，如果你对自己的处理不够满意，可以假设场景重新出现，在大脑中给自己一次重新组织语言、表达诉求的机会，这也是我当年训练自己的方式之一。

心法六："我值得"

你是否常常被这样的念头困扰？收到礼物时本能地感到惶恐，觉得自己不配得到他人的关心；面对他人的赞扬时浑身不自在，总想用"运气好"的说法掩盖真实的努力；甚至在取得成就时，内心反而被不安笼罩，担心自己"德不配位"。这种挥之不去的不配得感，本质上是深层的自我否定——它并非源于能力不足，而是自我价值感长期低迷的体现，它像一块遮在眼前的黑幕，侵蚀着我们对幸福的感知力与行为的驱动力。

当"我不配"的念头再次浮现时，请试着将它转换为"我值得"。这简单的三个字，承载的是对自我价值的重新定义：它意味着你开始正视自己的需求、接纳成长的可能，并允许自己享受生命的馈赠。这种心态的转变，需要从重构对需求、成功与快乐的认知开始，逐步建立对自我价值的无条件认可。

重构对需求的认知：从压抑到接纳。

许多人将关注自身需求视为一种道德瑕疵。他们能够细致地体察他人的情绪，习惯用过度付出来换取认可，却唯独对自己的疲惫、渴望与诉求视而不见。这种对本能需求的压抑，本质上是将自我价值工具化——仿佛只有持续处于"对别人有用"的状态，才能证明自己存在的意义。

改变的第一步，是学会尊重自己的正当需求。我们完全可以告诉自己，希望多睡一会儿不等于懒惰，争取合理酬劳不等于贪婪，享受闲暇时光不等于放纵，而渴望获得奖励和认可更不等于虚荣。

试着像对待挚友那样对待自己吧。当身体发出疲惫的信号时，问问自己"是不是需要休息了"；当内心渴望被认可时，告诉自己"我的努力值得被看见"。你会逐渐认识到，关爱自己并不是自私，而是对自身付出的尊重，也是维持生命系统健康运转所必需的能力。

完整的人生，从来不是单方面的付出。就像树木需要阳光雨露的滋养，我们也有权接纳他人的关怀与世界的善意。敢于表达需求不是索取，而是坦诚沟通。在下一章中即将探讨的"自我奖励"，正是这种自我接纳的延伸——它让我们懂得，合理满足自身需求，是提升我们的心理能量、打破拖延循环的关键。

重构对成功的认知：从恐惧到拥抱。

如果一个人深信自己不配成功，他就会主动为自己的人生设限：明明具备竞争优势，却在晋升机会面前退缩；明明拥有独特创意，却在项目申报时犹豫不决；甚至连一段值得投入的关系，都会因"我不够好"的预设而遗憾错过。这种自我劝退的本质，是用想象中的不配，提前扼杀了生命的无限可能。

我的学员朱先生是一位电气工程师，他曾有机会被选派到海外总部工作，面对这个梦寐以求的岗位，他却担心自己英语不好，会给团队拖后腿，因此在提交申请材料时犹犹豫豫，最终错过了申请时间。让他崩溃的是，最终获得这个岗位的同事英语水平还不如他，只是敢于争取。

这个案例折射出一个普遍现象：许多人对成功怀有恐惧心理。面对可能取得的成果，他们会预先产生担忧："万一成功了，别人对我的期待一定更高，我还能达到吗？""下次如果失败了，岂不是更糟糕？"在他们看来，失败属于正常状态，很容易实现自我合理化，而成功反而成了压力源。这种自我质疑会抵消成功的吸引力，让行动变得越发艰难。

事实上，我们没有必要用"非黑即白"的心态看待成功和失败，它们都是成长过程中必经的阶段。成长并不意味着每一步都必须完美无缺，我们完全可以把每一次成功当作成长的新起点，即使成功会带来更大的责任、更高的期待，我们也允许自己在试错中积累经验，在挑战中拓展边界。我们可以将每一次小的成功都视为"微小胜利"：按时提交一份报表、完成一次锻炼、读完一本专业书……这些看似不起眼的进步，都是在积累"我能做到"的信心。当他人赞美时，试着大方接受："谢谢，这确实是我认真准备的结果。"——这不是傲慢，而是对自身努力的诚实肯定。

如果把人生比作登山，那么成功不是登顶瞬间的短暂欢呼，而是沿途发现新路径的惊喜，是肌肉在跋涉中逐渐强健的过程，是与同行者相互鼓励的温暖。放下"非黑即白"的枷锁，你会发现，每一次勇敢的尝试，都在为自己打开新的可能性。

重构对快乐的认知：从愧疚到从容。

许多人本能地拒绝享受快乐，甚至将承受痛苦视为实现自我价值的必要条件。他们明明具备选择轻松生活的条件，却依然坚持过度的节俭、自我批判甚至自我牺牲。这种"没苦硬吃"的现象在老一辈中尤为常见，根源在于物资匮乏的年代留下的深刻心理烙印。即便在中年人和年轻人中，也普遍存在将吃苦与自我价值绑定的思维，仿佛只有历经足够多的苦难，才能换取享受愉悦的资格，这正是不配得感的重要成因。

但事实上，快乐从不是需要"资格认证"的奢侈品，它如同空气和阳光，是人类与生俱来的情感权利，能否快乐与成就高低、财富多寡、是否完美并无关联。我们要给自己在认知上松绑，从敢于让自己快乐开始，逐步重建健康的价值坐标。

你是否经历过这样的场景：鲜美的水果买来不舍得吃，变质后只能忍痛丢弃；漂亮的笔记本买来后舍不得用，最终纸张泛黄却空白依旧；甚至连休息的权利，都会被"工作还没做完"的愧疚感剥夺。这种将"珍惜"等同于"封存"的心态，仍然是不配得感的表现，源于潜意识里仍然认为"现在的自己，还不足以拥有如此美好的体验"。

当我们把快乐无限期推迟，最终等来的可能是对生活的麻木。真正的珍惜，是让喜欢的东西参与生命的流动，是允许自己在当下的生活缝隙中捕捉美好——哪怕只是用喜欢的杯子喝一杯茶，听一会儿喜欢的音乐，读几页治愈自己的书，都是在打破不配得感的束缚。

"我值得"不是一句空洞的口号，不是表层的情感抚慰，而是从心态上对自我价值体系进行重建，改变三个层面的核心认知。

需求接纳：承认我的需求合理，是自我价值感的根基。

成功定义：摆脱对成功的恐惧感，将成功视为成长的动态过程。

快乐感知：解除快乐即堕落的道德枷锁，还原快乐的本真意义。

从今天起，试着在内心种下"我值得"的种子，不断告诉自己——我值得尊重、值得追求成长、值得享受努力后的成果。"我值得"会给你带来无畏感，逐渐瓦解"我不配"的潜意识，帮你从自我否定的牢笼中解脱，真正拥抱属于自己的人生。

【对谈】

　　学员提问："我值得"这个心法，会不会把自己给惯坏了？有点担心。

　　作者回答：在重建自我价值的过程中，经常会经历这样的心理波动，很多人的不配得感已经根深蒂固，因此，一旦开始重视自己的需求，就会担心自己变得自私或者放纵。事实上，自我价值感低的人，往往在心理层面一直处于"营养不良"的状态。我们不断强化"我值得"这个信念，是要矫正被扭曲的自我认知，给内心输送成长的养分，这并不会把自己惯坏，而是使自己生存得更好。

第八章

提升心理能量
获得持久动力

心理能量：被忽视的行动燃料

你是否经历过这样的状态？明明什么都没做，却感到发自内心的疲惫。这种疲惫不同于身体的劳累，而是一种持续性的活力匮乏——既不想投入工作，也对休闲娱乐提不起兴趣，即便选择"躺平"，也无法获得真正的放松。更令人困扰的是，这种倦怠往往找不到具体原因，如同一团迷雾笼罩在生活之上。

伴随这种弥漫性疲惫的，是对日常事务的普遍抗拒：曾经轻松完成的工作，现在需要反复自我说服才能启动；过去热衷的爱好，如今显得索然无味；很容易嫌麻烦，甚至对以前喜欢的事都嫌麻烦；明明制订了计划，却在执行前就被无形的阻力击垮；对新鲜事物失去探索欲，宁愿待在熟悉的舒适圈，生活充满无意义感。

这些现象经常被简单贬低为懒惰、缺乏意志力、不自律，其实，根本原因在于心理能量这种"内在燃料"的枯竭。

心理能量是动力源泉

心理能量衡量的是我们在心理层面的动力和活力的总和。它不同于体力或脑力，是一种更深层次的无形资源，是启动任务所需的动力，是驱动一个人行动、思维和情感的活力源泉。

首先，心理能量的水平决定我们能启动什么性质的任务。不同任务所需要的心理能量水平不同，下图对比了高能耗任务和低能耗任务在各个维度上的特征。

表8.1　高能耗任务与低能耗任务对比

维度	高能耗任务	低能耗任务
复杂程度	需要深度思考或复杂决策，如制订项目方案、进行理论研究	仅需要浅层思考或简单决策，如收集资料、回复邮件
熟悉程度	陌生的、新鲜的，需要学习新知识、新技能	熟悉的、惯常的，可以依赖已有经验或能力
创造性	需要突破常规，做出创新，如内容创作、撰写论文	重复开展，可以按部就班执行，如流程审批、填写报表

维度	高能耗任务	低能耗任务
风险程度	结果不确定性大，失败风险较高，如开发新产品、接触陌生客户	结果不确定性小，失败风险较低，如数据录入、整理会议纪要
互动深度	需要复杂的人际沟通协作乃至处理冲突，如谈判、主持团队会议、解决矛盾	仅需要简单沟通或处理关系，冲突很少，如通知、闲聊
反馈速度	反馈周期长，可能很长时间见不到明显成果，如学习新技能、拓展人脉	反馈即时，能快速看到成果，如收拾屋子、整理文件
专注要求	高，必须沉浸其中才能进行	低，可以和其他任务一起处理
情绪投入	高，往往伴随焦虑、兴奋等强烈情绪	低，不易引起情绪波动

总体来说，一个任务的挑战性越强，启动任务所需的心理能量就越高。如果当前任务的挑战性超越了自己的能量水平，我们就会感到畏难、嫌麻烦，很难调动自己去行动。

理解心理能量的运作规律，是改变现状的第一步。那些困扰现代人的"心累""内耗""无意义感"，本质上都是能量系统失衡的警报。传统的"强迫自律""打鸡血"式的激励之所以失效，正是因为试图在燃料不足的引擎上强行提速。

建立能量视角，可以帮我们理解很多拖延行为模式背后的深层机制：为什么拖延者容易出现"虚幻的满足"？因为心理能量越低，越容易逃避高耗能的核心任务而选择低耗能的周边任务，形成任务偷换。为什么拖延者经常被迫"救火"？因为心理能量越低，越看重眼前的即时反馈而忽视时间投资的长期收益，导致重要的事情不拖到紧急不处理，在"救火"情况下再强行调动能量，造成"救火—能量透支—更多救火"的恶性循环。

心理能量不足在当前普遍存在，我们对数万名学员做过心理能量测试，发现能量充沛的比例仅有约 20%，而能量匮乏的比例高达 40%，这个问题的影响是深远的。

心理能量是幸福的根基

心理能量不但是行动的活力源泉，也与一个人的思维、情感关系密切，直接影响着我们的情绪状态和对生活的总体感受。

心理能量决定情感倾注能力。

我们有能力将情感能量投入到目标上，才会有深刻的情感体验，就像孩子搭积木时全神贯注，能保持持续的热情。如果情感倾注能力下降，就会连曾经热爱的事情也提不起兴趣。就像我身边的一些男士，小时候宁可逃学也要打游戏，玩上一天都不觉得累，现在人到中年，有条件买上最好的设备，留出充足的时间，却发现玩不动了，这就是心理能量不足损伤了情感倾注能力。

心理能量决定情绪调节能力。

能量不足就容易陷入情感耗竭。例如：孩子哭闹时，能量充足的父母会耐心询问原因，而能量耗尽的父母可能直接发火；同事意见不合时，能量高的人能冷静沟通，能量低的人则可能爆发冲突。许多关系破裂的导火索，本质上是某一方的心理能量已低到极限，选择直接"爆炸"，用决绝的手段解决问题。

心理能量决定对新鲜事物的接纳程度。

能量低的人习惯待在自己的舒适区，抗拒变化，不愿意尝试和接受新事物。这样的结果就是生活有重复感，时间在消磨中越过越快，很难享受到"有趣""好玩"这样的心理体验。

总之，人生中所有能够体验到一点幸福、做出一点成长的事情，都要先投入一定的心理能量，才能从中得到收获。心理能量是人的内心中一种特别重要的资产。

很多人将幸福寄托于外在条件：更高的收入、更完美的伴侣、更轻松的生活。但真正决定有无幸福感的，是一个人能否持续从日常活动中获得"心流体验"——全神投入、忘记时间的充实感。而心流的产生，需要足够的心理能量作为燃料。

例如：同样是周末爬山，能量充足的人会享受微风拂面，耐心观察植被变化，找到绽放的花朵，与同伴深度交流，非常享受攀登的乐趣；而能量枯竭的人则会聚焦在劳累上，纠结"为什么要来受罪"，甚至因为小的不如意而争吵。二者的差异不在于体力，而在于心理能量储备不同，导致的幸福体验能力不同。

【对谈】

学员提问：我很拖延，但是我偏偏喜欢挑战高难度的任务，觉得普通的任务没意思，这是否与你说的心理能量的理论相矛盾？

作者回答：这种情况并不少见，我分析有两种可能性。第一，你在做的是高难度任务的周边事项，而不是真正的核心工作。第二，以挑战难度高为由预先给自己找退路。

如果对高难度任务有掌控感，而且能真正完成核心工作，那说明心理能量并不低，在其他事情上的拖延可能是任务本身缺乏意义、与本人价值观不符等原因引起的。

【测试】

如何了解自己的心理能量水平？

我们设计了一份专业的心理能量自测量表，它能够帮助你评估自己的心理能量状态。请用微信扫描二维码进行测试，测试时间大约 5 分钟。

能量枯竭的警钟

　　理解心理能量的机制，能够帮助我们破解许多困惑：为什么精心制订的计划总是难以执行？为什么面对同样的挑战，有人越战越勇，有人却直接放弃？为什么每次鼓起劲儿稍有改变，就又被打回原形？

　　这些问题的答案都指向同一个核心——我们往往努力对抗行为的外在表现，却忽视了支撑行为的底层能量系统。

　　心理能量的特殊之处在于它是无形的。人们可以清晰感知体力的衰减，却常常对心理能量的损耗后知后觉。很多人直到能量彻底枯竭，才意识到问题的严重性。实际上，能量危机会通过行为模式的变化向我们发出预警，以下五种状态的出现，往往标志着心理能量已持续低迷。

行为降级

当任务的耗能超过了当前的心理能量水平，想强行调动自己去执行任务就会非常困难。这时大脑会本能地选择低能耗任务，这种现象称为"行为降级"。

这正是很多人的困境——眼前明明摆着重要的工作，却忍不住想要先去收拾屋子、整理资料、清理电脑……最为讽刺的是，平时的你可能不喜欢收拾房间，可眼前的工作越困难、越急迫，你越想去做这些边边角角的杂事，在面对急性压力的时候，这些任务成了你的避风港。

我的学员里有位媒体工作者，每次动笔写稿前一定要先扫地再反复拖地，直到地面光可鉴人，才能勉强说服自己打开电脑；还有名大学生，她描述自己在打开需要阅读的文献后，把宿舍的阳台、厕所都打扫了一遍，还刷了三双鞋，然后又开始清理键盘，就是不去读文献。

他们原来都无法理解自己的行为，将其归结为"懒惰"或"缺乏意志力"，其实这正是心理能量不足的信号。大脑在本能地用更低耗能的琐碎事务替代高耗能的创造性任务。

情感钝化

30岁的小学教师陈女士，最近发现自己失去了对生活的感知力。曾经让她热泪盈眶的电影，现在需要开着二倍速才能看得下去；学生作文里充满童真的句子，读起来只觉得幼稚可笑；

女儿想跟她做游戏，她却下意识地回避……

这种情感响应能力的衰退，是心理能量不足的重要标志。心理能量充足时，我们的大脑如同敏锐的传感器，能捕捉细雨落在窗台的韵律，体会陌生人眼神传递的温度。而当能量持续流失，这些细腻的感受力会逐渐钝化，甚至进入情感麻木的状态。

我们依然能完成社交场合的标准动作——微笑、点头、说客套话，但就像戴着厚重的手套触摸世界，再也感受不到真实的温度。很多人误以为这是成熟的表现，却不知这是能量系统发出的求救信号。

自我封闭

社交本应是心理能量的重要补充渠道，但在能量枯竭的状态下，人际互动会变成沉重的负担，社交逐渐封闭。

最初的表现是回避陌生的社交场合，比如不愿意参加行业交流，不愿意认识新朋友。逐渐发展为对熟人之间的互动也觉得厌倦，比如对朋友的邀约"已读不回"。到了后期，甚至抗拒必要的沟通，回避深度的情感联结，宁愿机械地刷手机，也不愿与家人进行有质量的交流。

很多人因为这种情况说自己有社交恐惧症，其实，他们的内心也是期待健康的社交关系的，他们主动给自己扣上"社交恐惧症"的帽子，是用来保护自我价值感——"我不是社交表现不好，我是社交恐惧症，天生就该害怕社交。"

长期回避社交会形成恶性循环：孤独感降低心理能量，低能量状态又加剧孤独感，最终将人困在无形的隔离罩中。

专注力丧失

专注力不是强迫自己不分心的能力，而是心理能量支撑下的自然状态。能量不足时，风吹草动的小干扰都可能引发烦躁、焦虑或放弃。环境噪声变得难以忍受——键盘敲击声、空调嗡鸣、旁人的低语，甚至窗外鸟鸣，都可能成为分心的导火索。

学习或工作时频繁切换任务，会导致难以沉浸式阅读或思考。很多人对着屏幕工作 8 小时，实际在文档、聊天软件、短视频之间不断切换。甚至同时开着多个窗口，一边追剧一边干活，才能干下去。注意力持续时间缩短，连 10 分钟的专注都成为奢侈；信息捕获的能力同步下降，视线划过文字却无法形成连贯理解，即使一动不动地盯着屏幕或者书本也看不进去。

自相矛盾的"享受"

售前工程师小谭最近加班比较多，周末难得有一些时间属于自己，他会躺在沙发上不停地刷短视频。眼睛盯着闪烁的屏幕，手指机械地上滑，他认为自己是在放松享受，可是到了周一，反而更加昏昏沉沉。"明明是在休息，怎么感觉比工作还累？"

人力专员小秦刚刚工作，就遭到了领导的打压，她非常委屈又无处倾诉，为了安抚自己，便开始疯狂地在网上购物，最多时一天要下单十几次，她说："只要快递在路上，就感觉日子有奔头。"可是当快递送到驿站，她又拖延着不去拿，似乎连拿快递、拆快递的一点点能量都没有了。快递员的电话催促让她更焦虑，但是越焦虑越想继续下单来安抚自己。

类似的自相矛盾还有很多：明明不饿，但就是想吃东西，吃了又有负罪感；明明很困，但撑着熬夜追剧，追完后觉得更空虚……这是因为在心理能量低又面临情绪压力时，我们会本能地做一些简单又有即时反馈的事情，希望快速获得掌控感，以缓解压力。但这些行为非但不能补充能量，反而会在短暂愉悦以后，报复式地压低心理能量。

上述五种看似分散的行为模式，其实遵循着相同的能量逻辑：当心理能量跌破临界值时，人体会启动"生存优先"模式。大脑自动关闭高耗能功能（创造力、深度思考、情感共鸣），仅保留基础的生存能力（机械行为、条件反射、应激反应）。

如果出现了上述情况，不需要为此自责，这是能量系统发出的信号。就像运动员不会为肌肉酸痛感到羞耻，我们也不该为心理能量的波动而自我批判。在接下来的内容中，我们将系统探讨如何识别消耗源头，打破这些恶性循环。

【对谈】————————————————————————————————

　　学员提问：我确实有你说的自我封闭情况，但我做过迈尔斯 –
布里格斯人格类型量表（MBTI）测试，在内倾 / 外倾的维度上
属于典型的内倾（"I 人"），那么我的回避沟通是否本来就属
于人格特质？

　　作者回答：自我封闭的状态与内倾的特质有差别，正常的
内倾型人可以通过独处来补充能量，这种独处是不矛盾的，是
能够滋养自己的。而心理能量下降导致的自我封闭往往伴随着
矛盾感、愧疚感——既渴望被理解，又害怕暴露自己的疲惫。

吞噬能量的隐形黑洞

要想让心理能量保持在较高水平，我们需要找到消耗能量的因素，从源头加以遏制。通过对大量拖延者的观察分析，我将心理能量的消耗源归纳为慢性、急性两大类，它们有不同的消耗机制。

心理能量的慢性消耗源

这类因素往往藏匿于生活惯性中，潜移默化地侵蚀着我们的心理能量。

慢性消耗源一：未完成的事项。

拖延几个月的工作任务、悬而未决的人际矛盾、未处理的健康隐患、拖延已久的健康检查……这些"烂尾楼"如同后台运行的隐形程序，持续挤占着我们的心理空间。即便你并未主动碰触，潜意识仍会不断评估风险、预演后果，制造焦虑感，形成持续的心理能量损耗。

慢性消耗源二：被动的牵扯。

如育儿照护、情感依赖型关系等被动责任，让人必须"24小时待机"，永远响应需求，随时投入战斗，陷入为他人而活的困境。一位职场妈妈描述："接送孩子、辅导作业、处理家庭关系……每天像被无数双手拉扯，即使有了属于自己的时间，也完全不想动脑子。"

这类消耗的本质是主体性的丧失——你的时间与精力不断被外界需求所征用，却找不到空间滋养自我成长。

慢性消耗源三：决策的负担。

从早餐选择到职业规划，现代社会的信息过载将每个决策都变成能量消耗点。"选择困难症患者"经常因为过度纠结耗尽能量，等到处理核心任务时已精疲力竭。而且，这种负担并不会因为决策已做出就立刻消失。即便已完成选择，大脑仍会反复思考"是否选错"，就像网购后还要持续比价，试图证明自己没买贵。决策前的挣扎和决策后的"心理反刍"共同作用，导致能量持续消耗。

慢性消耗源四：过度共情。

职场中的"情绪垃圾桶"、社交媒体上的负能量接收、家庭中的情感绑架……过度共情者常将他人的情绪内化为自己的负担。一位心理咨询师分享："每次听完来访者的创伤经历，我都需要独处一段时间，反复消化，才能恢复平静。"这种情感透支会直接消耗心理能量储备。

慢性消耗源五：深层次的压力。

如财务困境、职业发展的迷茫、慢性健康问题、未愈合的情感创伤，这类压力不同于具体的任务挑战，是一种弥散性的心理负担。它们往往没有明确的、立竿见影的解决方案，却像背景噪声般长期存在，持续消耗认知资源，让人陷入"想改变却不知从何入手"的困境。

如同一位中年程序员描述的："每天坐在工位上，已经尽量不让自己去想行业的寒冬和年龄危机，但仍然觉得脑子像有雾，不像刚工作时，能够享受深入思考写代码的感觉。"

心理能量的急性消耗源

这类因素在短期内剧烈消耗能量，甚至有可能引发我们的心理活动"短路"。

急性消耗源一：突发冲击。

临时接到的重要任务，突然发生的矛盾、意外事故等事件，会迫使人的注意力与情绪资源瞬间集中。这类事件既不可预测，又需要高度的注意力和情绪调动，往往让人进入应激状态，大量消耗心理能量，甚至导致后续很长时间都陷入低效、疲惫的状态中。

急性消耗源二：挫败经历。

未达成目标的强烈失落感会直接打击自我价值感，冲击心理能量储备。如果不能用积极手段消解和恢复，会从急性转为持续消耗，让人变得一蹶不振。

急性消耗源三：精力透支。

熬夜、作息紊乱等行为本质上是对心理能量的强制消耗。大脑无法完成本应在睡眠中进行的记忆整理与清除代谢废物等工作，长期睡眠不足甚至会导致前额叶皮质功能受损。一位连续加班的设计师描述："熬到凌晨三点赶完方案后，第二天开会时连基础数据都记不清，整个人像被抽空了。"

急性消耗源四：多任务切换。

大脑本质上并不擅长并行处理任务，所谓的"多线程工作"实际是快速的任务切换，甚至是不同认知模式的切换，会带来大量耗能。而每次切换都会产生"注意力残留"——前个任务的思维片段会持续干扰后续任务。这种伪高效状态会快速耗尽心理能量储备。

而现代社会的信息过载加重了这一现象：APP 提醒、弹窗新闻、算法推送的短视频、社交媒体的红点提示、工作群的实时消息，都在夺走我们的注意力，降低心理能量。

认清心理能量的消耗源，本身就是一种自我疗愈过程。在我和学员的接触中反复见到以下的情况：当连续失眠的投行高管王总意识到，自己对老客户忍不住发火不是因为脾气变差，而是连续熬夜导致能量透支时，他开始重新规划工作节奏；当总觉得自己不够努力的考研学生小郑明白，反复刷题效率低下其实是能量不足的信号时，她学会了用科学休息替代无效熬夜。

认清是改变的前提。相信大家已经发现，我们在前面章节中的很多工作，都是针对消耗源对症下药，以减少心理能量流失。在下一节中，我们将深入探讨如何通过"三步走"的方式，为系统主动注入能量。

【对谈】

学员提问： 心理能量会随着年龄的增长而减少吗？感觉自己年轻时敢拼敢闯，现在人到中年了，什么都不想干。

作者回答： 心理能量随着年龄增长而减少的情况确实很普遍。但这并不意味着年龄自然会拉低心理能量，这种现象主要是因为伴随着人的成长，能量消耗源变得更多、更复杂了。尤其是环境和生活状态出现明显改变的这几个时间节点：上大学、毕业工作、结婚成家——面对的挑战不断提高，复杂度不断增加，如果不主动保护和提升心理能量，很容易出现阶段性的减少。

"三步走"提升心理能量

我们的能量系统是动态运转的。心理能量并非固定不变的先天特质，它与肌肉力量一样，可以通过科学管理持续增强。"三步走"是我在实践中摸索出的提升能量的方法，它成功帮我走出了能量低谷期，后来又帮很多学员收获了相同的改变，下面我们来详细解析。

第一步：挑战

挑战，指设定一项略有难度的任务，作为自己当前的行动目标。

挑战要点一：难度量级适度。

拖延者习惯于给自己设定难度过高的挑战，如前文所说，做事情经常追求一劳永逸、一蹴而就、一步登天，甚至把挑战当成了许愿。挑战难度过高经常导致直接放弃，遭遇挫败，反而会消耗我们的心理能量。

挑战的标准要与当前行动能力相匹配，以"踮踮脚能够得着"为宜。就像体能训练一样，如果你长时间没有锻炼，不要直接把跑完一场马拉松当作挑战，而是从先跑 2 公里甚至快走 15 分钟开始。

需要强调的是，设定合理的挑战才是有勇气的表现。很多人经常设定高不可攀的目标，实际是在给自己准备退路——因为即使挑战失败，也可以解释为目标难度过高而非自身能力不足，甚至可以用"我敢于挑战这种高难度目标"来挽回一丝颜面，保护自我价值感。但这种自欺欺人的做法对于提升心理能量没有帮助，真正的勇气体现在设定一个"找不到借口的挑战"上。

如果当前任务的工作量很大，要注意进行拆分。把大任务拆分成很多个小模块，选择一个模块作为挑战。这个模块的工作量要与当前的心理能量水平相匹配：在改变初期，挑战的工作量以 2~4 小时为宜，如果心理能量已经在低谷，哪怕半小时的工作量也完全可以。

挑战要点二：有明确的完成标准。

"我要更健康""我要提升工作效率"这类模糊的挑战无法客观衡量是否完成，因此也达不到提升心理能量的目的。模糊的目标如同没有终点的跑道，只会增加行动中的心理能量消耗。

明确的完成标准能减少纠结，强化结果导向。因此，在设定挑战时我们就要同时设定验收标准，最好是包括工作量和时间边界的定量描述，如"跑步3公里""用45分钟整理会议纪要""本周三前完成方案大纲"。

很多人习惯于不设标准，只是简单地喊出"努力去做"。这样的做法听起来积极向上，但由于标准过于模糊，往往给了我们太多自我宽恕的空间。相反，明确的标准为我们设立了一条清晰的终点线，当我们跨越这条线时，满足感和成就感会更加明显。

第二步：完成

在设定挑战后，按照标准完成挑战是心理能量提升的关键转折点。

完成要点一：粗糙。

"粗糙的完成比精致的准备工作有价值100倍"，再次强调这一点。当你能够完成给自己设定的目标，就相当于在心理上打了胜仗，心理能量就得到了提升。反之，设定目标然后完不成，就陷入失败的泥潭，消耗心理能量。

很多人的低能量状态，正是过度追求完美，在"完成"这一环节反复遭遇挫折导致的。反复挑战，反复失败，最后就会陷入自我否定的恶性循环，把失败当成舒适圈。在这种状态下，先打一个小胜仗来提振自我价值感就很有必要。胜仗不怕小，积累小胜为大胜，人生就会越来越好。

完成要点二：打歼灭战。

如果当前同时面对着多个任务，最好的方式是先选定一个任务，集中精力将其彻底完成，这就是"打歼灭战"的策略。不要试图多线作战。想要对每个任务都推进一下，就很容易打成无休止的消耗战，正如毛主席的名言："伤其十指不如断其一指。"

我的学员小刘是一位设计师，她曾经试图同时推进五个设计需求，结果每个都浅尝辄止，行动陷入僵局。按照"打歼灭战"的思路调整工作方式后，她选择了一个对产品上线最为关键的需求，集中精力优先处理。这个需求成功完成后，她感觉自信大大提升，对其余四个需求也实现了"逐个击破"。

"打歼灭战"的方式，让我们每完成一项任务，心理能量账户就增加一笔"存款"，这种累积会形成"越行动越有能量"的正向循环。还可以避免未完成任务形成"烂尾楼"，成为能量的消耗源。

第三步：奖励

完成并不是终点，此后有一个非常关键的步骤经常被忽略——奖励自己。奖励不是纵容，而是通过主动强化正向反馈来重塑自身的行为模式。

奖励要点一：遵从本心。

奖励应该是非常个性化的，首先要与自己沟通，遵从自己的本心。奖励不必复杂或昂贵，任何让你感到舒适和愉悦的事情都可以作为奖励。

大家现在就可以用 1 分钟思考，如果真能完成一项有价值的任务，你值得奖励自己什么？做哪些事会让你发自内心地感到期待和快乐？可以把答案写在页边。

如果想不到答案也很正常，那就在页边写下"没有"，后面会讨论这种情况。

奖励要点二：与挑战相匹配。

奖励的价值需与任务难度形成合理匹配，既要避免"完成小事重奖"造成的激励阈值抬升，也要防止"重大成就无奖"导致的激励失效。

完成日常挑战（如按时早起），可以奖励自己吃得丰盛一点。

完成阶段目标（如项目提案），可以奖励自己半日假期或看场电影。

实现重要成就（如通过认证、考核），可以奖励自己一次短途旅行。

当"挑战—完成—奖励"三步完成，心理能量就获得了一次提升。这时，我们可以评估当前面对的任务，选择新的挑战开始下一次循环。随着心理能量逐渐积累，挑战的难度也可以水涨船高。

"三步走"的方法将无形的能量提升转化为了可操作的行为模式，实现了对能量系统的持续投资。当"三步走"形成稳定循环时，心理能量将进入自我强化阶段，形成持续的正向反馈，帮助我们从解决拖延升级为主动创造。

【对谈】

　　学员提问：反复设定挑战总完不成，反而更挫败怎么办？

　　作者回答：问题可能出在挑战难度与当前能量状态的错配上。如果确实反复挫败，可以逐渐降低挑战的难度，直到自己可以完成为止。挑战不怕小，但必须打破静止的惯性。先通过小挑战恢复能量，再逐步增加难度，循序渐进是很合理的方式。

心法七：主动奖励自己

对许多拖延者而言，自我奖励是一种难以企及的奢侈，长期的拖延经历让他们沉浸在自我否定甚至自我惩罚中。在行动上，他们期望由外界的强力监督甚至惩罚来逼迫自己前进。但真正的改变只能来自内心，"三步走"的方法之所以把奖励列为一个必备步骤，就是希望大家更加积极主动地奖励自己，这么做的价值是多方面的。

价值一：放大胜利感，强化成功记忆。

完成挑战后奖励自己，能把抽象的成就感转化为具体的身心体验。一杯咖啡、一段音乐、一刻钟的放空……这些积极的体验都会放大完成挑战后的胜利感，加深对成功的记忆，让你在未来面对挑战时更有信心。

学员梁先生在追回了被拖欠 5 年的债务后，给自己安排了一次海滨短途旅行，他感慨："踩在沙滩上感受着海浪，想到这是给自己的奖励，突然觉得对生活更有底气了，找回了掌控感。"

价值二：激发期待感，降低启动阻力。

奖励为未来创造希望。当你知道完成挑战后会有放松和享受，内心就会充满期待感，这会缓解面对任务时的畏难情绪，有效降低启动阻力。

就像登山时憧憬着顶峰的景观，知道每一步艰辛都通向壮丽的风景，坚持向上的勇气就会油然而生。让对奖励的期待转化为内在驱动力，你会发现自己不再需要与意志力苦苦搏斗。

价值三，重塑生理机制，实现深层改变。

人类行为的底层逻辑遵循趋利避害的原则。当我们因完成挑战而获得奖励时，大脑会释放多巴胺等神经递质；这不仅带来愉悦感，更会让大脑把完成与愉悦连接起来，逐步重塑神经回路，让持续行动变得更自然。

这正是我们在开篇强调的，本书在理念上并不否定人性中对轻松舒适的追求，而是要把这种追求转化为行动的推动力。

两种常见的认知误区

认知误区一：不配得感带来的自我禁锢。

"我拖延十几年了，代价很惨痛，刚有一点进步就奖励，感觉自己不配。"这是学员杨女士的感慨。很多人有类似的心态，存在对奖励的不配得感，甚至将自我奖励等同于自私，在内心深处排斥奖励。

事实上，主动奖励并不是奢侈放纵，而是必要的自我关怀，是驱动能量系统运转的关键环节。它引导我们尊重自己的需求，把自己放在合理的位置上，与上一章中"我值得"的心法是一脉相承的。

"拿了绩效特高兴，想给自己买支好点的口红没舍得，最后花了几千给孩子报了辅导班。"杨女士在几个月后终于不排斥奖励了，但她和很多人一样，仍然习惯于把"给家人消费"当作对自己的奖励，其实，这正是旧有的思维模式还未完全打破，还在通过"自己付出，他人认可"的方式来确认自我价值。

奖励要以自己为中心，而不是以他人为中心。自我奖励不仅是对自己努力的认可，更对建立神经的正向反馈、提升心理能量具有不可替代的作用。即使从责任的视角看，一个能量枯竭的人，也注定无法持续为他人提供价值。因此，越是家庭和企业的主心骨，越要学会积极奖励自己，这不是对他人的漠视，而是对能量源泉的维护。

认知误区二：无欲无求的麻木状态。

在上一节中，我曾请大家写下自己所期待的奖励，你是否为此感到茫然，觉得自己已经无欲无求，不知道期待什么？

这并不是超然物外的无欲无求，而是奖励机制停滞太久导致的麻木，是心理能量枯竭的体现。当心理能量降低到一定程度，大脑就会启动"节能模式"——关闭对所有复杂情感的体验，退回到机械麻木的生存状态。在这种状态下，你不是不想要快乐，而是丧失了享受快乐的能力，甚至奖励对你来说都成了压力——别人想着旅行会兴奋，而你想着旅行只觉得麻烦。

无欲无求是长期忽视内在需求的结果，如果你处于这种状态下，更要通过适度奖励逐步唤醒对自身需求的感知。正如某位学员的顿悟："原来不是我没有欲望，而是太久没有认真对待自己了。"这种觉醒标志着自我关怀系统的重启，也是战胜拖延、恢复行动力的真正转折点。能够感知并尊重自己的渴望，本身就是最珍贵的生命能量。

主动奖励的深层意义，在于重建与自我的关系。每一次对进步的庆祝，都是在向自我传递一个信息："我看见了你的努力，你值得被善待。"这种自我认可的累积，最终会形成强大的内在动力，让你从被迫行动转向主动掌控。

在本书开篇，我曾建议读者为完成阅读设定一个奖励，现在你应该更清楚这个建议的目的了。截至目前，你已走过90%的阅读旅程，是否对即将到来的奖励产生了期待？如果当时并未设定，那就趁现在补上这一环，开启主动奖励。

————————————————————————

　　学员提问：孩子提前完成了周末的作业，我奖励他做一份名校的精品练习题，是我好不容易才从其他家长那里拿到的，但是孩子不领情，跟我闹情绪，怎么办？

　　作者回答：家长并不兑现奖励，反而变本加厉提出了新的挑战，这样的做法一般出于"严格要求，为孩子好""别翘尾巴"的心态。家长的想法完全可以理解，但这种做法得不偿失，会扰乱孩子的奖励机制，如果孩子认为挑战之后不会有奖励，反而是更大的挑战，很容易使用拖延的方式来抗拒。

　　其实将心比心，如果我们成年人在工作中取得了成绩，领导不但不鼓励，反而压上了更重的任务，我们是否也会内心不平衡？

正确奖励自己是一种能力

在前几节中，我们探讨了心理能量对行动力的决定性作用，并提出"三步走"作为提升心理能量的核心策略。很多读者可能仍有困惑："我明明经常奖励自己，为什么还会拖延？"这很可能是错误的奖励机制导致的。下面我们就解析奖励机制的典型误区，并提供正确的奖励方法。

很多人已经习惯于把拖延当成奖励，认为拖延着的时间才属于自己，用"等会儿再做"换取短暂的轻松，甚至把任务被"拖没了"看成一种胜利。正是因为把拖延本身当成奖励，仿佛能够从中尝到一点甜头，他们的拖延才从偶然的逃避演变为固化的生存策略，最终导致任务积压、焦虑升级与信任透支。

更可怕的情况是"反向奖励"，用即时满足来对冲拖延的焦虑——越是拖延着有压力，越要吃东西、刷手机，导致大脑把"不行动"和"舒适感"联系起来，只会追求用这种方式继续舒适下去。

我的学员小赵，每次把工作拖延到晚上，就要靠吃东西来减压，尽管没有饥饿感，她还是会忍不住买上一大堆零食"先犒劳一下自己"。可零食塞进肚子后，反而感到更加空虚，只能继续安慰自己"先休息好了再工作"。但第二天早晨，看到堆满零食袋子的桌子和空空如也的文档，她又陷入更深的焦虑。

"反向奖励"如同饮鸩止渴：享受了多巴胺飙升带来的愉悦后，留下的是更深的无力感。更可怕的是，大脑的奖励机制在错误的方向上被不断固化，让拖延者陷入双重困境——既恐惧任务本身，又沉溺于拖延带来的虚假安宁，生活面貌越来越差，人生走向彻底失控。

要破解这种困局，只需要遵循一个简单原则——"先完成，再奖励"。

奖励机制的关键是让行动产生愉悦感，而不是让拖延产生愉悦感，更不能让奖励放大拖延的愉悦感。"先完成再奖励"正是把握住了关键，哪怕是粗糙的完成，哪怕是简单的奖励，都会提升心理能量，让我们一点点找回对人生的掌控权。

我的学员任律师本来雷厉风行，但疫情期间居家办公推翻了她工作和管理的习惯方式，导致生活节奏出现断崖式的失控。她开始放着团队的问题不去理会，一整天盯着手机买东西、看网络小说，用她自己的话说："能从睁眼一直刷到睡觉，感觉自己是行尸走肉。"甚至自嘲道:"五十多岁了,终于理解为什么年轻人放不下手机了。"

任律师的改变就来自奖励方式的调整,她不再是"想买就买",而是把10次番茄时间的专注当作挑战,每次完成挑战,就奖励自己买一件喜欢的小东西——鼠标、表链、计时器……这些以前买了也懒得拆开的东西,现在都成了她挑战胜利的纪念碑:"你会发现周围的这些东西,无时无刻不在提醒你,你是一个胜利者,不是失败者。"在正确的奖励机制下,任律师仅用一个月就摆脱了手机依赖,恢复了健康的生活状态,而且效率更胜从前。

本书的底层逻辑正是如此,解决拖延的有效方法从来不是依靠意志力对抗,而是通过调整行为模式,让行动成为内生需求。正确奖励的目的,正是将"行动 = 愉悦"深深地刻入潜意识,强化我们对行动的需求。只要遵循"先完成,再奖励"的顺序,每一次"三步走"的循环都是对心理能量的有力提振,每一次都能拓宽我们的人生边界。

奖励的正确方法

方法一:把准备工作变成奖励。

拖延者常陷入"装备先于行动"的误区,其实只需要反转顺序,先设定行动目标,再把装备变为完成目标的奖励,效果就完全不同。这种做法不仅避免了"虚幻的满足",更让物质奖励成为行动力的见证。

我自己也是这样做的，前一阵想要恢复打篮球的锻炼方式，也克制住了"先买个好点的球"的欲望，而是跟自己约定，先用手头几十块钱的旧球动起来，完成 10 次篮球锻炼，再允许自己买个新球当作奖励。

方法二：用微小体验激活感知。

如果你已经处于无欲无求的麻木状态，宏大的奖励反而会引发压力。这时，可以通过微小的积极体验，激活自我感知系统。比如，回忆过去几个月内让你感到充实、舒适、愉悦的瞬间体验，找到这种感受的源头，再尝试复现。

方法三：敢于喊出"我赢了"。

在第五章中，我们曾建议大家进行公开承诺，用适度的社交压力来推动行动。相应地，在完成挑战尤其是取得一定成果后，我们也完全值得分享自己的成功，这既是对承诺的兑现，也是一种自我激励的方法。公开展示自己的成功，目的并非肤浅的标榜和炫耀，而是通过社交互动强化自我肯定、增强自我价值感，积累信任资产。

至此，我们已经围绕心理能量进行了全面的探讨。心理能量本质上是一个动态系统，既会被各种因素无声无形地消耗，也可以通过"三步走"的方式主动提升。建立能量的视角，能帮我们从纷繁复杂的行为中找到背后的规律，也为我们指明了成长的方向。当你能够不断为系统注入新的能量，你会发现，这带来的不仅是行动力的提升，更是生活面貌的焕然一新。

【对谈】————————————————————————

学员提问：想晒出自己取得的成果，又怕被说炫耀，如何克服？

作者回答：分享成果是一种积极的自我认可方式，我们首先应该关注自己的内心感受，确保自己做正确的事。

如果分享成果是为了庆祝自己的努力和进步，主动保护和提升自己的心理能量，那么这就是一种健康的分享动机。你出于健康动机做的事，就没必要太在乎别人的看法。当别人分享的时候，我们同样可以出于真心去称赞。

第九章

自我迭代
从解决拖延到持续成长

信息时代需要迭代的成长观

　　在前面章节中，我们深入分析了拖延的六大深层问题，并给出了针对性的解决办法。跟随着本书走到最后一章，读者的心态可能会是兴奋与担忧交织的：兴奋的是，终于看到了解决拖延的希望，甚至已经体会到了改变的力量；而担忧的是，当生活再次面临压力与不确定性时，拖延是否会卷土重来。这种担忧并非杞人忧天，而是源于对成长本质的普遍误解。

　　工业时代的传统成长观塑造了一种"发现问题—解决问题—永久治愈"的线性思维模式。它让人们认为可以像修复机器故障一样，一劳永逸地解决自身成长中的问题，对于发展也追求绝对正确的完美状态，并将成长过程中的所有偏差、倒退都视为失败。

　　这种静态思维与真实世界的动态规律背道而驰——人生永

远会面对不确定性，试图用固定公式应对变化的挑战，注定会遭遇失败。

而自我迭代的成长观，正是一套应对不确定性的动态系统。它通过"动态成长""螺旋上升""接受倒退"三大核心理念，帮助我们在信息社会的日新月异中实现持续进化。

核心理念一：动态成长——持续进化的艺术。

真正的成长不是消灭问题，而是培养持续解决问题的能力。

经常有学员问我："陈老师，上完课我感觉拖延症已经好多了，那将来会不会反复？"人们经常陷入这样的误区：将"解决问题"视为终点。现实是解决了当下的拖延问题固然值得欣喜，但新的压力源仍会不断涌现——职业发展的困扰、人际关系的冲突、健康管理的失衡……它们不会因为拖延的解决而立刻消失，反而会以更复杂的形态出现。

自我迭代的核心，在于将成长视为永无止境的进化过程，让我们意识到，即使解决了现在的问题，我们仍然会在更高的层次遇到新的问题，需要再次发起新的挑战。当低能量型拖延被攻克后，我们可能面临完美主义型拖延；学会了拒绝过分请求后，又需要进行人际关系的重建。

成长没有终极状态，而是在发展中不断解决问题的过程。我们追求的并不是静态的完美，而是动态的卓越，是不断突破自我。本书提供的这些心法和工具的价值也不仅在于破解当下困境，更在于构建一套终身可用的、持续进化的系统。

核心理念二：螺旋上升——用循环突破线性陷阱。

成长不是一步登天的冲刺，而是迂回向上的攀登。

传统思维将成长简化为"发现问题—解决问题"的单向流程，这种直线逻辑忽略了一个关键事实：复杂目标的实现往往需要多次尝试与调整。自我迭代则采用"行动—反馈—优化"的螺旋上升模型，并不求一步到位，而是通过多个闭环多次产出成果，通过反复调整逐步接近目标。每个闭环称为一次迭代，而每次迭代的成果将成为下一次迭代的起点。

我们经常用攀登高峰来比喻成长，实际上顶级水平的登山正是以迭代形式完成的。以攀登珠穆朗玛峰为例，职业登山家不会从山脚直冲顶峰，而是在海拔 5200 米、6500 米、7790 米等高度分阶段建立营地，再通过"上升—适应—再上升"的多次循环，逐渐增强身体机能，以适应更高层次的挑战。这种不断的循环，就相当于一次次迭代。

核心理念三：接受倒退——在波动中沉淀韧性。

真正的进化，从接纳不完美的波动开始。

许多人将成长误解为单调上升的曲线，不允许有任何停滞或倒退。实际上，无论是外在的不确定性还是内在的状态波动，都否定了这种可能。执念于单调上升反而会给成长套上枷锁，让很多人因为恐惧失败而拒绝尝试，因为担心倒退而固守现状。

自我迭代的成长观认为，倒退不是失败，而是系统在进化中的必然过程。就像珠穆朗玛峰的攀登者在各个高度建立营地后，也可能要进行若干次的下撤适应，每一次看似倒退的下撤，其实都是为更高突破打下基础。

个人成长的韧性同样源于对"倒退"的包容——减肥过程中的体重波动、戒除手机依赖时的反复挣扎、重建信任时的谨慎试探。这些"倒退"实质上是心理系统的适应性调整，就像弹簧的短暂收缩，是为下一次伸展积蓄能量。如果你的状态底线能在波动中持续抬升，意味着成长已经越来越扎实。

就像图 9.1 表达的，倒退是机会而非失败。一次任务又出现拖延，不代表"我又复发了"，而是在提示"当前策略需要优化"；一段时间状态下降，不等于"成长停滞"，而是系统在整合经验。我们完全可以通过倒退收集经验，从挫折中汲取营养。

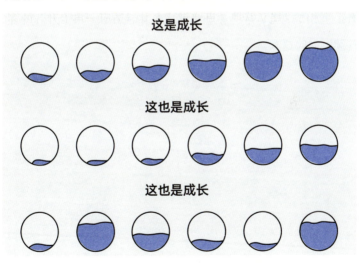

图9.1　接纳成长中的倒退

自我迭代的方法论让我们重新认识自己和成长的关系。当我们接纳动态成长的不确定性、螺旋上升的迂回性、波动进化的必然性时，拖延带来的焦虑将真正消解，取而代之的是一种从容的探索心态。

【对谈】

学员提问：我在工作时也听到过项目的迭代方法，和自我迭代有什么区别？

作者回答：自我迭代的思维正是萌发于我在项目管理方面的研究探索，我发现，把事做成的方法和个人成长的方法在底层思维是共通的，比如本节中的核心理念，与敏捷项目管理就有很多相似之处，因为本质上都是要解决在快速变化情况下的持续发展问题。

自我迭代的思维要点

上面我们从成长观的角度分析了自我迭代的价值，那么，如何做到自我迭代？下面介绍四个思维要点。

要点一：分阶段产出成果，收集反馈。

人对长期目标容易产生恐惧感，因此迭代要求把成长过程划分为多个阶段，相当于把漫漫长路转化为多个可掌控的短途，这样可以降低焦虑感，更容易启动工作。

迭代强调每个阶段都要产出可供使用或验证的成果。建立起成果导向的思维，可以避免出现"虚幻的满足"之类的问题，确保把时间花在有价值的工作上。成果要主动接受现实检验，用来收集反馈，调整方向。

用形象化的方式更容易说明迭代和传统做法的差别，我们用画一幅画来比拟完成一项任务。

图9.2　线性的工作方式

很多人习惯于采取图 9.2 的线性工作方式——从第一个局部开始，就追求把每个细节都做到完美。这种心态让工作启动变得很困难，而且更重要的是，过程中完全没有成果能够用来验证。完美主义者只有完成最后一步才会愿意展示自己的成果，期待直接一鸣惊人，而绝不会在第一、二阶段的状态就收集反馈。

图9.3　迭代的工作方式

图 9.3 代表的迭代工作方式则完全不同。在第一阶段先快速勾勒出线稿，就完成了当前的成果产出，因为线稿已经能够用来收集反馈，作为下一步迭代的基础。如果对线稿展示出的画面构图不够满意，完全可以在下个阶段就进行调整，这时调整的成本还非常低。第二阶段确认了线稿，再开始上色，如果颜

色不满意，仍然可以在下一阶段继续调整……随着一次次迭代的推进，成果一步步精细化，逐渐逼近最终的目标。与线性方法不同的是，所有精细化工作都是根据反馈推进的，不会做无用功。而且，这个过程中不断有新的信息输入，用反馈代替空想，就不会焦虑内耗。

现在我们更清楚分阶段产出成果的意义了，每个阶段的成果，都是在当时条件下"完整＋粗糙"的最差目标，也是投石问路心态下，足以验证路径的一块石头。相信读者也理解，我们并不是在讨论绘画——第一阶段的线稿就相当于我们工作中文章的框架、PPT 的大纲、活动的整体流程、产品的原型……

相比之下，线性工作的中间阶段并不是可以验证的成果，因为旁人很难对这种状态给出有效的反馈，经常导致发现方向错误时，已经投入了大量精力。没有反馈的成长如同蒙着眼狂奔，你以为在全力冲刺，可能正在绕圈；你感觉已走出很远，实际上仍在起点徘徊。

要点二：主动限制时间，追求粗糙。

心理学上的"帕金森定律"指出："任务会自动膨胀，直到填满所有可用时间。"这是对人性的深刻洞察。为了避免这种情况，对于每一次迭代，我们都要明确设置截止时间，避免任务的扩展。主动限制时间，相当于给大脑一个确定的行动框架。让大脑从"要不要做"转向"如何在限定时间内做到最好"，从纠结转向解决问题的模式。

更进一步，我推荐大家使用"死线提前法"——主动把任务的截止时间提前，提前到"不拖延，马上开始才能完成"的程度。大多数任务都有一定的时间宽松度，把宽松时间用在启动之前，我们就容易陷入越休息越不想动的怪圈；而把截止时间主动提前，就挤压了拖延的空间，把宽松时间留到了任务完成后。在心态上从"先奖励，再惩罚"变成了"先完成，再奖励"，和我们前面讲的方法是一致的。

我的一位学员是培训师，每次周末的课程都要拖到周五才开始备课，导致周一到周四都在拖延的焦虑中度过。"干着不相干的事，心里其实老想着周末的课，"用他的话说，"每周都会经历一遍毒蛇曲线。"自从采用了"死线提前法"，他要求自己在周一把课备好，如果完成就奖励自己一次。结果是，任务几乎都能在周一完成，大大缓解了焦虑，而且因为有时间迭代，课程质量反而更高，更受学生好评。

"死线提前法"还可以帮我们聚焦核心工作。当截止时间近在眼前，那些"字体是否美观""用词是否精准"的次要问题自然就被过滤掉，我们的注意力被迫聚焦在关键问题："我究竟要表达什么观点？""哪些内容是必须讲的？"这种被迫的专注，往往能激发出超乎预期的潜能。

要点三：抓大放小，动态排列优先级顺序。

每个人的时间、精力、心理能量都是有限的资源，如果不划分优先级，在所有任务上等量齐观地投入资源，会极大地拉低效率，甚至导致高价值任务被琐事淹没。

因此，我们要坚决"抓大"，确保把资源优先投入高价值任务——在时间管理的章节中我们反复推荐投资时间的方式，就是在强调任务的重要性优先于紧急性。同时还要学会"放小"，这意味着主动放弃低价值的任务，也战略性地容忍小瑕疵的存在。现实世界的复杂还在于优先级不会恒定不变，昨天的次要干扰可能升级为今天的核心矛盾。因此，我们要有动态更新的意识，每次迭代时，都要根据当前情况，审视目标与环境变化，重新排列任务的优先级。

我一直推崇"人生先做大题"的思维，动态排序，永远优先处理影响深远的核心问题（如职业转型、健康管理、婚姻情感等等）。在信息过载的时代，我们往往不是缺乏目标，而是被太多目标淹没；不是没有努力，而是把努力浪费在错误的方向上。找到人生大题，优先完成，才能在变化中真正抓住机遇。

要点四：不断复盘，从经验中积累资产。

多数人经常重复犯下相似的错误：每次拖延发作都批评自己"太懒惰"，却未分析具体诱因。多次减肥失败始终归结为"意志力不够"，却从不记录压力性进食的触发场景……同时，又欠缺对经验的有意识积累，即使工作中出现了闪光点，也不能将其稳定复现，内化成自己的能力。

自我迭代强调螺旋上升，其基础就是在每次迭代中都复盘自己，对经验教训进行加工，帮助下一次迭代做得更好。当问题出现时，深入分析其根本原因，从底层加以解决，避免错误重复出现。当进展顺利时，不断分析成功要素，将其转化为可重复的方法，乃至封装成固定流程。

我在表达上的巨大改变就得益于这样的思维：从恐惧当众讲话到面对上千人授课也能挥洒自如，因为我把每次讲课都视作一次迭代，在课后马上复盘——讲得不理想的地方，要弄清问题根源，进行针对性的改进。遇到偶然触发的闪光点，也要把出彩的地方更新进讲稿，确保下次讲课还能重现，把闪光点变成自己的基本功。孔子讲"君子不贰过"，其实也蕴含了复盘积累的思维——真正的君子并非从不犯错的完人，他们不让错误重复出现，恰恰因为能从过去的错误中提炼认知资产。

【对谈】

学员提问：我很恐惧犯错误和失败，迭代能否帮我改变这一点？

作者回答：是的，我也曾经因为完美主义而惧怕失败，但自从按照迭代的方式来推进工作，就完全打破了这种心理障碍。在产生一个想法后，我可以粗糙行动，很快完成一些小的尝试，当别人还在收集信息、做准备工作的时候，我已经"鲁莽"地犯了几个错误，还从中提升了认知，吸取了经验教训，准备下一次出发了。敢于迭代的人，不会畏惧失败，因为他们能够从失败中找到价值。把失败当作一种反馈，而不是一种否定。

自我迭代的行动步骤

　　将自我迭代融入日常成长，我们需要具体的行动方案。我把自我迭代分解为如图9.4所示的四个操作步骤——觉察、聚焦、执行、进化——每一步既可以成为独立的行为单元，又与前后环节相互衔接，形成螺旋上升的循环。

链接愿景使命
提升自我认知
直面深层问题

觉察　　　　聚焦

自我迭代

进化　　　　执行

聚焦核心目标
明确阶段成果
努力投资时间

主动奖励自己
复盘提炼认知
改进处事流程

坚持粗糙启动
利用瀑布时间
保持跟踪记录

图9.4　自我迭代的步骤

步骤一：觉察

觉察是迭代的起点，也是整个循环框架的基础。它要求我们进行深入的自我对话，认清自己的长远目标和当前位置，探索问题背后的情绪根源与认知盲区。要点如下。

链接愿景使命：思考个人的人生愿景与使命，与现状相连接，指明成长方向。

提升自我认知：突破盲区，更透彻深入地认清自己，能够客观评价自己。

直面深层问题：勇于面对平时难以触及的深层问题，追根溯源，将模糊的困扰转化为具体的课题。

步骤二：聚焦

在觉察的基础上，决定当前首要解决的问题，聚焦各方面资源，制订具体的行动计划。要点如下。

聚焦核心目标：排列优先级，聚焦于对个人成长最为关键的改变点，明确拒绝次要任务，避免精力分散。

明确阶段成果：明确定义本次迭代的成果，包括完成标准、完成时间、里程碑等信息，确保成果服务于核心目标。

努力投资时间：坚持复利思维，将有限的时间资源优先分配给重要但不紧急的任务。

心法与工具链接：时间管理的"重要—紧急分类法""心法：敢于放弃""最差目标法"。

步骤三：执行

执行是将计划转化为现实的关键步骤，要重点注意行动的方法，克服各种挑战和障碍。要点如下。

坚持粗糙启动：降低行动门槛，勇于迈出第一步。

利用瀑布时间：利用精力充沛的整块时间进行专注工作，处理高价值任务。

保持跟踪记录：记录过程中的数据、感受和反馈，保留真实痕迹，以供复盘使用。

心法与工具链接："想想未来的自己""5分钟启动法""主动制造不完美""番茄工作法""死线提前法""学会说'不'"。

步骤四：进化

进化是每轮迭代的收尾。我们应对前几个步骤的实施过程进行深入回顾，从行动中提炼认知，积累内在资产，为下一轮迭代蓄力。要点如下。

主动奖励自己：通过奖励提升心理能量，消除不配得感，提升自我价值。

复盘提炼认知：深入分析成败，从结果层、方法层直达认知层，提炼底层逻辑。

改进处事流程：根据复盘结果调整方法，用标准化流程的方式巩固经验、规避错误。

心法与工具链接："我值得""主动奖励自己"。

自我迭代的四个步骤并不是凭空增加的新任务，而是对本书内容的系统化整合，帮你把分散在各个章节的工具方法融合成可操作的流程。

这套流程非常灵活，可以随时启动，也可以根据情况在步骤上有所侧重和简化。在下列情况下，建议大家开展完整的自我迭代。

年初、季度初等自然时间段的起点，这时往往要对整个时间段做目标设定和资源分配。

趋势、环境发生重大变化，面临新的挑战和不确定性。

阶段性目标完成，需重新定位方向时。

原有方法失效或问题反复出现，造成迷茫时。

迭代的周期也可以根据任务性质不同而灵活选择。对于需求模糊和快速变化的任务（如创意设计、新方向尝试），可以压缩迭代周期，在几天内迅速跑完一轮流程。对于长期战略目标（如职业发展、健康管理），可以以季度为周期深入推进四个步骤，其间嵌套多个小规模的快速迭代。

结束语：共同进化的旅程

各位尊敬的读者，当您阅读到此处时，我们已经共同走过了一段关于成长的探索之旅。其实，这本书中的每一个思维、每一条心法，甚至您正在阅读的文字本身，都来自持续的自我迭代。

在过去几年里，我与无数拖延者的深度互动构成了这本书的根基。每一次直播间的困惑提问，每一次课上的真诚反馈，每个社群里分享的突破瞬间，都在加深着我对拖延本质的认知。

正是无数次的迭代，让"愈合拖延伤口"从偶然的发现沉淀为常用策略，让心理能量从隐约的想法升级为深度改变的核心。就连自我迭代这个理念，也是在实践中不断碰撞才最终形成。您此刻接触的也远非完美无缺的终极答案，而是一个不断进化的开放系统。

这种持续进化不会止步于本书的出版。在您阅读这段话时，新的案例正在发生，未预见的问题正在浮现，而更多人的实践反馈将继续滋养这个体系。我希望您不仅成为方法的践行者，更能成为共同进化者——当您用个性化调整让"最差目标法"更适配自己的工作场景，当您将"主动制造不完美"拓展到新的领域，这些实践都会成为系统迭代的珍贵养料。

当您合上本书，兑现自己的阅读奖励时，真正的成长才刚刚开始。那些关于觉察、行动与自我关怀的心法，将随着每次实践，渗透并滋养着我们内心的土壤。或许10年后的某个清晨，您会突然发现，那些曾经为解决拖延所付出的努力，早已在持续迭代中让人生走出了新境界。

人生没有永恒的解决方案，只有持续进化的应对智慧。愿我们保持粗糙启程的勇气，在持续进化中，见证彼此更辽阔的可能。

全书完

粗糙：轻松解决拖延症

作者 _ 陈海滢

特约编辑 _ 初子靖　装帧设计 _ 沐沐
技术编辑 _ 陈皮　责任印制 _ 刘淼　策划人 _ 阮班欢

营销团队 _ 杨喆 刘子祎

鸣谢

陆璐　严永亮

果麦
www.goldmye.com

以 微 小 的 力 量 推 动 文 明

图书在版编目（CIP）数据

粗糙：轻松解决拖延症 / 陈海滢著. -- 沈阳：万
卷出版有限责任公司，2025. 9（2025. 10 重印）. -- ISBN 978-7-5470
-6895-3

I. B84-49

中国国家版本馆 CIP 数据核字第 2025UD0242 号

出 品 人：王维良
出版发行：万卷出版有限责任公司
　　　　　（地址：沈阳市和平区十一纬路 29 号　邮编：110003）
印 刷 者：北京世纪恒宇印刷有限公司
经 销 者：果麦文化传媒股份有限公司
幅面尺寸：145 mm×210 mm
字　　数：170 千字
印　　张：8
出版时间：2025 年 9 月第 1 版
印刷时间：2025 年 10 月第 2 次印刷
责任编辑：史　丹
责任校对：刘　璠
装帧设计：沐　沐
ISBN 978-7-5470-6895-3
定　　价：49.80 元
联系电话：024-23284090
传　　真：024-23284448